LES
NECTAIRES

ÉTUDE CRITIQUE, ANATOMIQUE ET PHYSIOLOGIQUE

PAR

GASTON BONNIER

MAITRE DE CONFÉRENCES A L'ÉCOLE NORMALE SUPÉRIEURE

PARIS

G. MASSON, ÉDITEUR

LIBRAIRE DE L'ACADÉMIE DE MÉDECINE

Boulevard Saint-Germain et rue de l'Éperon

EN FACE DE L'ÉCOLE DE MÉDECINE

LES NECTAIRES

ÉTUDE CRITIQUE, ANATOMIQUE ET PHYSIOLOGIQUE

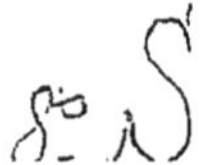

PARIS. — IMPRIMERIE DE E. MARTINET, RUE MIGNON, 2

LES

NECTAIRES

ÉTUDE CRITIQUE, ANATOMIQUE ET PHYSIOLOGIQUE

PA

GASTON BONNIER

MAITRE DE CONFÉRENCES A L'ÉCOLE NORMALE SUPÉRIEURE

PARIS

G. MASSON, ÉDITEUR

LIBRAIRE DE L'ACADÉMIE DE MÉDECINE

Boulevard Saint-Germain et rue de l'Éperon

EN FACE DE L'ÉCOLE DE MÉDECINE

1879

LES NECTAIRES

ÉTUDE CRITIQUE, ANATOMIQUE ET PHYSIOLOGIQUE

PARTIE CRITIQUE

I

RÉSUMÉ HISTORIQUE.

Le nombre des auteurs qui se sont occupés de l'étude des nectaires est tellement considérable, qu'il m'est impossible de donner ici un compte rendu de tous leurs différents travaux. On trouvera (page 20) la liste des ouvrages que je n'aurai pu citer. Je me contenterai de résumer la succession des interprétations différentes qui ont été proposées sur la nature et le rôle de ces tissus à sucres; j'y joindrai un bref exposé des ouvrages les plus importants.

Définition. — En 1717, Vaillant (1) a nommé *mielliers*, les parties de la fleur qui produisent une matière sucrée ; en 1735, Linné les a nommées des *nectaires*. Linné entendait bien par

(1) *Discours sur la structure des fleurs*, 1717-1718. — Avant lui, un grand nombre d'auteurs, depuis Aristote et Théophraste jusqu'à Malpighi et Tournefort, ont parlé de la production du miel dans les fleurs, mais d une façon incidente ou superficielle.

ce mot les parties qui produisent le miel (1), et non pas les organes accessoires quelconques de la fleur, comme on l'en a accusé avec exagération. Si, prenant le nectaire comme une des caractéristiques des espèces ou quelquefois même des genres, il a pu attribuer ce nom, par erreur, à des organes sans sucres, il n'en a pas moins donné une définition physiologique de l'organe. Sans cela, il n'aurait pas décrit comme nectaire le tube de la corolle chez les Labiées ; ce tube ne peut représenter une partie appendiculaire des organes floraux. Dans la thèse sur les nectaires que Linné fit soutenir à son élève Hall (2) en 1762, des sépales, des pétales émettant un liquide sucré sont décrits comme nectaires ; ce ne sont pas des parties accessoires de la corolle.

Bœhmer (3), Adanson (4), Medicus (5), accusèrent violemment Linné d'avoir donné le même nom à des organes de nature très-différente. Adanson plaça le nectaire au nombre des paradoxes qui entravent les progrès de la botanique. Lui-même devait, du reste, inventer le mot *disque*, et l'appliquer aux organes les plus divers.

A partir de cette époque, de nombreuses discussions commencèrent à se produire sur ce qu'on devait entendre par nectaire ; la confusion la plus complète se répandit sur ce sujet. On voulait attribuer une signification morphologique à un organe physiologiquement défini ; de là ces controverses toujours renouvelées. C'est absolument comme si l'on voulait soutenir maintenant, par exemple, que les tissus à amidon ou à chlorophylle sont localisés dans des organes qui ont la même nature morphologique.

(1) « *Nectarium, pars mellifica flori propria.* » (*Syst. naturæ* et *Phil. bot.*, n° 86.) — « *Nectaria, stricto sensu, sunt organa humorem nectarinum secernentia.* » (*Phil. bot.*)

(2) « *Nectaria florum* » (*Amœn. Acad.*, t. V, p. 266, et t. VI, p. 268-277).

(3) *Programma de ornamentis florum*, 1758. — *Additamenta Dissertationis de nectariis florum*, 1762.

(4) *Familles des plantes* (1763).

(5) S. F. C. Medicus, *Bot. Beobachtungen*. Mannh., 1783, p. 151 et 271.

J. Miller (1), Endlicher et Unger (2) regardaient les nectaires comme des dépendances de la corolle. Turpin (3) les considérait comme remplaçant les étamines ou comme faisant partie du verticille staminal; il proposa de les nommer *phycostèmes* (étamines déguisées). N. A. Desvaux (4) en faisait une dépendance de l'ovaire; il les appela *glandes ovariennes*. A. de Saint-Hilaire (5) réservait ce nom aux verticilles placés entre les étamines et l'ovaire. Enfin, Payer (6) nommait ainsi une des feuilles de ces verticilles.

On voit qu'il est difficile d'imaginer une plus complète diversité d'opinions.

Cependant un grand nombre d'auteurs avaient repris la définition première de Linné; ils avaient insisté sur la signification physiologique du mot *nectaire*; seulement ils continuaient à limiter son emploi à l'intérieur du cercle floral. Tels sont, par exemple, Gottl. Ludwig (7), Bœhmer (8), Mirbel (9), Bischoff (10), Treviranus (11), A. de Jussieu (12), A. Richard (13), Soyer-Willemet (14), de Candolle (15) et Kurr (16). Peu à peu ce nom devint moins fréquemment employé dans les descriptions. Lamarck (17), Bischoff et Schleiden (18) ont les premiers proposé de rejeter toute signification

(1) *Illustr. syst. sex. Linn.*, p. 33 et suiv.
(2) *Grundzüge der Botanik.* Vienne, 1843, § 510.
(3) *Ess. Icon. élém. et phys.*, 1820, p. 53.
(4) *Nomologie botanique.* Angers, 1817.
(5) *Elém. de bot.*, 7e édit., p. 396.
(6) *Organogénie de la fleur.* Le verticille prenait le nom de *disque*.
(7) *Inst. hist. phys. regni vegetab.* Lipsiæ, 1757, p. 11.
(8) *Loc. cit.*
(9) *Eléments de phys. végét.*, 1815, p. 270.
(10) *Lehrbuch der Botanik*, t. I, p. 385.
(11) *Physiologie der Gewächse.* Bonn, 1838, t. II, p. 255.
(12) *Élém.*, 5e édit.
(13) *Élém.*, 7e édit., p. 322.
(14) *Sur le nectaire* (*Mém. Soc. Linn. de Paris*, 1827, t. V, p. 1).
(15) *Organographie végétale*, 1827, p. 534, et *Théor. élém. bot.*, 3e édit.
(16) *Bedeutung der Nektarien in den Blumen.* Stuttgart, 1833.
(17) *Botanique.*
(18) *Grundz. der wissens. Bot.*, 1846, t. II, p. 244.

morphologique du nectaire. Desvaux (1), A. de Jussieu, de Candolle, Lindley (2), Schacht (3), ont aussi insisté dans ce sens, et M. Clos (4) a montré la nécessité de faire disparaître ce mot de la nomenclature botanique.

Nous pouvons donc laisser ce côté de la discussion ; il n'a plus maintenant d'objet. Considérons seulement les auteurs qui ont appelé *nectaires* les parties qui produisent une matière sucrée.

Mais, parmi ceux-là, de nouvelles difficultés vont encore surgir. En effet, les parties de la fleur où s'accumulent à l'intérieur les substances sucrées ne sont pas toujours celles sur lesquelles on trouve des gouttelettes de nectar. On rencontre souvent, par exemple, un liquide sucré au fond de l'éperon du pétale, chez les Violettes, mais ce liquide provient d'un appendice de l'étamine ; il est simplement recueilli par l'éperon dans lequel il est venu tomber. Beaucoup d'auteurs ont commis cette erreur de prendre un organe sur lequel viennent se recueillir les gouttelettes pour un nectaire producteur de la substance sucrée, alors que le tissu à sucre est situé tout autre part. C'est ainsi que Hall a décrit faussement comme nectaire le tube de la corolle chez beaucoup de Gamopétales. Desvaux (5) même, en 1827, considère à tort les sépales du *Biscutella* et l'éperon du *Delphinium* comme des organes producteurs de nectar.

Roth (6) a le premier distingué la partie qui produit le nectar de celle qui le recueille. Conrad Sprengel (7), Nees von Esenbeck (8), Curtius Sprengel (9), ont insisté sur cette distinction, et les auteurs postérieurs à Desvaux ont toujours

(1) *Sur les Nectaires* (*Mém. Soc. Linn. de Paris*, t. V, p. 53, 1827).
(2) *Handb. of Bot.*
(3) *Lehrbuch der Botanik.*
(4) *Ann. sc. nat.*, 4e série, t. II, p. 23.
(5) *Loc. cit.*, p. 64.
(6) *Römer und Usteri Mag. Bot.: De nectariorum munere*, p. 27.
(7) *Das entdeckte Geheimniss im Bau*, etc., 1793.
(8) *Handbuch der Botanik*, 1820.
(9) *Vom Bau und der Natur der Gewächse.* Halle, 1812, p. 530.

su éviter une semblable erreur. Cette nouvelle difficulté se trouve donc écartée ; avec un peu d'attention il est aisé de se mettre à l'abri d'une pareille confusion.

Nous avons vu que les auteurs qui ont donné au mot *nectaire* une signification purement physiologique n'ont cependant attribué ce nom qu'aux tissus à sucre renfermés dans les organes de la fleur. D'autres auteurs ont plus récemment proposé de supprimer cette dernière restriction.

Bravais (1) a considéré comme nectaires les glandes qui produisent une substance sucrée sur les pétioles de certaines feuilles. M. Caspary (2) a donné d'une manière générale la définition du nectaire par le caractère de la substance *sucrée* qui s'y produit, quelle que soit d'ailleurs sa situation sur la plante. Il les a distingués en nectaires *floraux* et nectaires *extra-floraux*. C'est cette manière générale de considérer les tissus nectarifères qui a été adoptée par les auteurs modernes.

Il est à peine besoin de signaler l'opinion de M. Martinet, qui propose de rejeter cette définition des nectaires par la présence d'une substance sucrée. L'auteur objecte la difficulté de reconnaître *au goût* si le liquide est sucré (3). Il semble ignorer que la chimie possède depuis longtemps plusieurs procédés à la fois précis et très-sensibles, non-seulement pour reconnaître si une substance est sucrée, mais aussi pour distinguer les diverses espèces de sucres qu'elle peut renfermer.

Nous verrons qu'il est nécessaire de préciser le genre de sucre accumulé, et qu'on ne peut pas séparer les tissus à sucres qui émettent un liquide au dehors de ceux qui n'en émettent aucun. On comprendra, par la suite de ce travail, que j'ai été conduit à entendre par *tissu nectarifère*, tout tissu de la plante, en contact avec l'extérieur, dans lequel s'accumulent en proportion notable les sucres des genres *saccharose* et glucose. Tous les

(1) *Sur les nectaires* (*Ann. sc. nat.*, 1842).

(2) *De nectariis*. Elberfeld, 1848.

(3) *Organes de sécrétion des végétaux*, 1871, p. 136.

botanistes ont renoncé à l'emploi du mot *nectaire* en organographie; ce mot n'entraîne plus l'idée d'un organe autonome constituant une partie d'un verticille floral. Si j'emploie, pour la facilité du langage, le mot *nectaire*, ce sera toujours comme synonyme de tissu nectarifère. Le sens morphologique ayant été annulé, il me semble, puisque le mot existe, qu'il n'y a pas d'inconvénient à lui conserver sa signification physiologique.

Structure. — Beaucoup d'auteurs ont classé les nectaires d'après leur forme extérieure ou leurs points d'attache apparents. Je ne rendrai pas compte de ces classifications. Elles sont toutes peu rationnelles, remplies de noms spéciaux, inutiles, nombreux, pour la plupart inusités dans les ouvrages descriptifs.

On s'est peu occupé d'une étude générale plus approfondie de la structure des nectaires. Mirbel a montré qu'un certain nombre d'entre eux étaient munis de vaisseaux (glandes vasculaires), et que d'autres n'en avaient pas (glandes cellulaires) (1). Il a décrit la disposition des faisceaux vasculaires dans le *Cobæa*. D'autres auteurs ont signalé incidemment la disposition des tissus dans quelques nectaires. Je citerai, par exemple, Nees von Esenbeck (2), qui signale la forme arrondie des cellules et leur petitesse relative dans ces tissus; Soyer-Willemet, qui indique sommairement la disposition des faisceaux dans l'appendice staminal du *Corydallis bulbosa* (3); Kurr, qui décrit d'une manière un peu vague comment les tissus sont disposés dans l'ovaire avorté du *Cucurbita* et dans l'éperon du *Tropæolum* (4).

Dans la partie anatomique de son traité sur les nectaires, M. Caspary (5) a surtout étudié l'épiderme. Il signale la pré-

(1) *Mém. sur l'organisat. de la fleur* (*Mém. de l'Institut*, 1808).
(2) *Handb. der Botan.*, loc. cit., p. 305.
(3) *Loc. cit.*, p. 5.
(4) *Loc. cit.*, p. 106.
(5) *De nectariis*, p. 16 et suiv.

sence fréquente des stomates sur ces tissus. Il en décrit d'une façon très-exacte les diverses formes. M. Caspary insiste sur ce point que les stomates peuvent parfaitement se présenter sur un tissu qui n'a aucun épiderme différencié, comme chez les Composées, par exemple. Enfin, il affirme qu'une différence de structure existe toujours entre le tissu nectarifère et les parties voisines; que les cellules à sucres sont toujours arrondies, relativement petites, et ont un contenu granuleux. Nous verrons plus loin que cette unité de structure est loin d'être constante; qu'il est aussi impossible de définir ces tissus par des caractères anatomiques que par des caractères morphologiques. M. Jürgens (1) a énoncé cette même règle, mais avec restriction.

Je dois signaler aussi, au point de vue anatomique, le mémoire où Brongniart a décrit en détail, sous le nom de *glandes septales*, la disposition des tissus à sucres de l'ovaire chez un grand nombre de Monocotylédonées (2).

Enfin, il vient de paraître tout récemment un très-important mémoire sur les nectaires, par M. Behrens (3). L'auteur insiste surtout sur la structure des tissus nectarifères et sur la nature des différentes substances que contiennent leurs cellules. Ce travail, beaucoup plus détaillé que les précédents, rend compte très-exactement de la structure que présentent un assez grand nombre de nectaires. Je ne puis, à mon grand regret, en donner un compte rendu complet; car il est en cours de publication pendant l'impression du mien.

La description anatomique et le développement, chez beaucoup de nectaires extra-floraux, se trouvent indiqués dans les mémoires de M. Hanstein (4), de M. Reinke (5) et de

(1) *Bot. Zeitung*, 1873, p. 398-399, 711.

(2) *Mémoire sur les glandes nectarifères de l'ovaire* (*Ann. sc. nat.*, 4e série, 1854, t. II, p. 1).

(3) *Anatomische-physiologische Untersuchungen der Blüthen-Nektarien Flora*, janvier 1879 et suiv.

(4) *Bot. Abhandlung*, zweite Band, 4es Heft, 1875.

(5) *Jahresbericht Bot.*, 1875, p. 433.

M. Poulsen (1). Je reviendrai sur ces travaux dans la partie anatomique, ainsi que sur ceux où la structure des nectaires n'est étudiée que chez un groupe de plantes très-restreint.

Fonctions. — Voyons maintenant quels ont été les divers rôles qu'on a successivement attribués aux tissus nectarifères. Sur ce point, comme sur la signification morphologique qu'on avait d'abord voulu leur assigner, les opinions les plus diverses ont été mises en avant. Je signalerai d'abord celles qui sont relatives à l'utilité directe que ces tissus peuvent présenter pour la plante qui les a formés. Ce sont, du reste, en général, les opinions les plus anciennement émises. Je laisserai de côté toutes les hypothèses qui sont annulées par nos connaissances actuelles : telle serait, par exemple, celle de Patrick Blair, qui supposait que le nectar servait à recevoir le pollen pour le faire ensuite pénétrer à travers les parois de l'ovaire (2).

Pontedera, le premier, en 1720, émit l'opinion que le liquide sucré accumulé dans la fleur devait servir à la nourriture et au développement ultérieur de l'embryon (3). Malheureusement il n'en donne que deux preuves expérimentales des plus contestables. Bœhmer et surtout Roth (4) ont admis que les nectaires avaient un rôle analogue. Perroteau (5) a essayé de l'appuyer par une expérience peu probante sur le *Fritillaria imperialis*. Soyer-Willemet, partisan de cette théorie, introduit même la fonction supposée dans la définition du nectaire (6). Il a eu le mérite de signaler le premier, avec insistance, les communications qui se présentent entre l'ovaire et

(1) *Om nogle Trikomer og Nectarier* (*Vidensk. med. Kjöbenhavn*, 1875.)

(2) *Botanik Essays*. London, 1720, p. 278.

(3) « *Succus circa embryonem colligitur, eumque mollem servat et inungit,* » *quo facilius embryonis partes explicentur atque distendantur.* » (*Anthol. Patav.*, lib. I, cap. XVIII, p. 39.)

(4) *Loc. cit.*, p. 38.

(5) *Analyse des travaux de la Société d'émulation de Poitiers*, 1803, p. 29.

(6) *Loc. cit.*, p. 3. — On trouve une manière de voir analogue dans Smith (*Introduction to Botany*, 2e édit., p. 266).

les nectaires qui en sont éloignés. En 1829, Dunal (1) a très-bien décrit la production externe du nectar comme un trop-plein des matières accumulées ; il a signalé l'emmagasinement interne de matières sucrées comme destiné à servir d'aliments aux organes sexuels de la fleur. Mais c'est surtout dans l'intéressant mémoire de Bravais sur les nectaires (2) qu'on trouve, à côté d'autres observations précieuses, quelques indications plus précises sur ce point. Bravais pense que l'accumulation de substances sucrées près de l'ovaire, chez tous les Phanérogames, doit être un phénomène général. Il a observé chez le *Mirabilis* la réabsorption du nectar ; il suppose que ce liquide doit servir à la nourriture du jeune ovule fécondé (3).

A côté des auteurs précédents, je dois placer ceux qui croient que les nectaires sont en rapport avec les étamines et surtout avec le pollen. Senebier (4), Kieser (5), et plus récemment M. Caspary, ont exprimé cette opinion. Ce dernier a longuement développé une théorie qui lui fournit une des conclusions principales de son travail sur les nectaires. L'auteur cherche d'abord à établir, par quelques exemples choisis, le rapport qu'il dit exister, en général, entre les anthères et les nectaires. Il donne ensuite une citation de Liebig (6). Dans le passage cité, ce chimiste suppose qu'il pourrait exister chez les Érables une matière, probablement azotée, qui transforme l'amidon en sucre. Appuyé sur cette donnée, l'auteur en déduit qu'une matière azotée analogue doit exister aux environs des nectaires. Sans avoir fait personnellement aucune analyse, il pense que, parmi les substances voisines, le pollen seul est azoté ; il en conclut que c'est le pollen qui forme le sucre des nectaires ! D'autres énoncés aussi étranges : la composition

(1) *Sur les fonctions des organes floraux colorés ou glanduleux*. Montpellier, 1829.

(2) *Sur les nectaires* (*loc. cit.*). A. de Saint-Hilaire avait exprimé une opinion semblable dans ses *Leçons de botanique* (1840), mais sans preuves à l'appui.

(3) *Ibid.*, p. 31.

(4) *Physiologie végétale*, t. II, p. 390.

(5) *Aphorismen aus der Pflanzenphysiologie*, 1808, p. 80.

(6) Liebig, *Agriculturchemie*, 1846, p. 135.

chimique des jeunes ovules déduite d'une analyse de Gay-Lussac, faite sur des graines mûres (1), les feuilles de *Prunus* données comme contenant seules de l'azote, etc., nous permettent de laisser de côté cet ensemble d'hypothèses, dépourvu de tout appui expérimental.

D'autres auteurs, au lieu d'admettre que l'accumulation des substances sucrées est une provision de nourriture, ont soutenu que le nectar était une excrétion de la plante. Gottl. Ludwig (2) et Medicus (3) ont émis cette hypothèse sans citer aucun fait pour la justifier. Duhamel (4) appuie cette opinion sur ce que les plantes ne paraissent pas souffrir de l'enlèvement du nectar par les insectes. Ce sont surtout Kielmeyer (5) et Curtius Sprengel (6) qui ont longuement développé cette théorie. Pour eux, il devrait s'établir une sorte de compensation entre la quantité d'oxygène contenue dans le nectar et celle que renferment les autres sécrétions florales. Parce que les substances émises par le stigmate, les matières huileuses contenues dans les cotylédons, la substance des anthères, sont peu oxygénées, l'excès d'oxygène devrait être éliminé par la sécrétion du nectar. Cette compensation supposée ne repose sur aucune donnée ; en outre, ni Kielmeyer, ni Curtius Sprengel, n'ont fait l'analyse des corps dont ils parlent. Il suffit de dire qu'ils considèrent le pollen comme ayant la même composition que la cire des Abeilles, pour donner une idée de la précision de leurs travaux (7).

Kurr, dans son traité sur les nectaires (8), a très-bien montré qu'il existe toujours une relation entre les nectaires floraux et

(1) *De nectariis*, p. 45-49.

(2) *Instit. historico-physic. regn. vegetab.*, 1757, p. 234.

(3) *Pflanzenphysiologische Abhandlungen*, 1803, t. I, p. 233.

(4) *Physique des arbres*, 1758, p. 234.

(5) *Deren Mittheilung der Verfasser einen würdigen Schuler*, etc., 1802 (manuscrit non publié).

(6) *Loc. cit.*, p. 539.

(7) Kielmeyer croyait sans doute que les Abeilles font la cire avec le pollen. — M. Darwin a émis incidemment une opinion analogue à celle de Kielmeyer, et Curtius Sprengel, comme pouvant être un rôle accessoire des nectaires ; il ne dit pas sur quoi est fondée sa manière de voir à ce sujet.

(8) *Bedeut. der Nektar.*, loc. cit., p. 141, 142

l'ovaire. Il considère l'exsudation sucrée comme un trop-plein de sève qui se produit au dehors avant le développement du fruit. Mais il n'explique pas pourquoi il y a accumulation de sucres. Quoiqu'il n'indique pas très-nettement l'emploi ultérieur de ces substances, on peut regarder son opinion comme très-voisine de celle de Dunal.

Tous les auteurs que je viens de citer ont pensé que les tissus nectarifères sont directement utiles à la plante qui les a produits. C'est de cette manière qu'on a cherché à établir le rôle des différentes parties de la plante. Mais si, dans la plupart des cas, on a pu arriver à une conclusion générale, incontestée, démontrée par l'observation et l'expérience, on voit qu'il n'en est pas de même au sujet des nectaires. Parmi les opinions contradictoires que je viens de résumer, aucune n'a été établie sur des preuves assez solides pour qu'on ait pu l'adopter. La théorie de l'excrétion aussi bien que celle de Pontedera ont été généralement abandonnées. Dans les ouvrages de botanique publiés depuis 1848, on se borne le plus souvent à parler brièvement des nectaires, sans leur assigner aucun rôle direct.

— C'est un ordre d'idées tout à fait différent qui a cours aujourd'hui au sujet des nectaires et de leurs fonctions. Les auteurs modernes qui se sont occupés de cette question ont renoncé à chercher par l'expérience ou l'observation la signification de ces tissus dans l'économie de la nutrition chez la plante. Ils ont repris et développé la théorie téléologique de Conrad Sprengel; ils supposent que les nectaires ont pour but de fournir aux insectes une matière sucrée.

Hall avait déjà dit en 1762 (1) que les nectaires ont, entre autres fonctions, celle de préparer le miel pour les Abeilles; mais il n'y paraissait pas attacher d'importance. C'est en 1793 que parut le curieux ouvrage de Christian Conrad Sprengel (2)

(1) *Nectaria florum* (loc. cit.)

(2) *Das entdeckte Geheimniss*, etc. Berlin, 1793.

sur les relations entre les insectes et les fleurs. Là sont résumées les nombreuses et patientes observations de l'auteur: plus de 600 plantes sont examinées en détail; le texte est suivi de près de 1000 figures qui représentent les dispositions des parties florales en relation avec la visite des insectes. Conrad Sprengel a fait voir quel rôle important les insectes peuvent remplir pour la fécondation des fleurs en transportant le pollen sur le stigmate (1). Pour lui, toutes les dispositions des organes floraux sont prises uniquement en vue de cette action des insectes. Il distingue dans une fleur quatre organes qui concourent au même but : attirer les insectes vers la fleur : 1° la glande à sécrétion sucrée (*Saftdrüse*) ; 2° le récipient de la sécrétion (*Safthalter*); 3° le protecteur de la sécrétion (*Saftgedecke*) ; 4° l'indicateur de la sécrétion, les taches ou lignes colorées montrant aux insectes le chemin qui conduit au nectar (*Saftmaal*).

Pénétré de l'idée des causes finales, Conrad Sprengel, avec une grande ingéniosité, souvent même avec une richesse d'imagination vraiment peu commune, a cherché à prouver l'existence de ces quatre organes dans toutes les espèces qu'il a examinées. Aussi a-t-il dû faire intervenir les hypothèses les moins vérifiables pour interpréter dans le sens de sa théorie les faits qu'il pouvait observer et toutes les dispositions diverses des parties florales. Quelques exemples montrent à quel point cet esprit observateur a pu arriver aux interprétations les plus fausses pour soutenir ses idées préconçues. Ainsi, les cinq écailles, ou mieux éperons internes qu'on observe sur la corolle du *Borrago officinalis,* sont décrits par Conrad Sprengel comme des *Saftgedecke* destinés à protéger le nectar contre la pluie. Or, on sait que les fleurs de la Bourrache sont dans une position renversée ; ces appendices de la corolle se trouvent donc placés au-dessous des nectaires, et ne sauraient en rien

(1) Un botaniste du nom de Müller remarqua, l'un des premiers, le transport du pollen par les insectes. Avant Conrad Sprengel, c'est Kölreuter surtout qui avait déjà signalé la nécessité de l'action des insectes en 1761.

les protéger contre la pluie. Les taches qu'on remarque sur les pétales de l'*Helianthemum guttatum* sont données comme *Saftmaal* destinés à guider l'insecte vers le nectar ; mais il n'y a jamais production de nectar chez cette espèce. Je pourrais multiplier les exemples de semblables interprétations ; on en rencontre à chaque page dans l'ouvrage de Sprengel : ceux-ci suffiront, je pense, pour montrer de quelle manière il est rédigé.

Les observations de Conrad Sprengel, où de nombreuses inexactitudes avaient été relevées par Henschel (1), et dont l'esprit a été critiqué par Desvaux (2), étaient restées dans un oubli à peu près complet, lorsque récemment M. Darwin (3) les a remises en lumière, en a repris les conséquences, et les a développées en y appliquant la théorie de la sélection naturelle. M. Darwin, et d'autre part M. Hildebrand (4), ont fait ressortir l'importance d'un fait qui n'est indiqué qu'incidemment dans l'ouvrage de Sprengel : c'est que les insectes peuvent transporter le pollen d'une fleur sur le stigmate d'une autre fleur située sur un autre individu de la même espèce ; ils opèrent alors ce qu'on a nommé la fécondation croisée. M. Darwin précise ainsi la proposition énoncée par Sprengel. Pour lui, toute l'organisation florale est adaptée, non pas à la fécondation par les insectes en général, mais à la fécondation croisée. Pour lui, comme pour M. Hildebrand, la fonction des nectaires est de fournir un appât aux insectes visiteurs, et de contribuer par là à opérer le croisement chez les plantes phanérogames.

M. Delpino (5), qui admet aussi l'adaptation absolue de

(1) *Von der Sexualität der Pflanzen*. Breslau, 1820.

(2) *Loc. cit.*, p. 126.

(3) *De la fécondation chez les Orchidées* (trad. Rérolle, 1870). — *Des effets de la fécondation croisée* (trad. E. Heckel, 1877).

(4) *Das Geschlechtervertheilung bei den Pflanzen und das Gesetz der vermildenen und unvortheilhaften steliger Selbsbefruchtung*. Leipzig, 1867, et plusieurs articles du *Botanische Zeitung*.

(5) *Sugli apparechi della fecondazione*, etc. Florence, 1867. — *Ulteriori Osservazioni sulla dichogamia nel regno vegetale* (*Atti della Soc. ital. sc. nat.*, t. XI, 1868, t. XII, 1869, t. XIII, 1870-75, etc.).

toutes les parties florales à la visite des insectes, a insisté plus spécialement sur le rôle des nectaires. Il consacre à l'étude de ces organes une partie de son ouvrage (1). On y trouve un grand nombre de nectaires décrits d'après leur apparence extérieure et qui n'avaient pas été signalés par les auteurs précédents. A côté de cette énumération et de quelques remarques intéressantes sur le nectar, toutes les parties de la fleur voisines des nectaires sont groupées en diverses séries relativement à leurs fonctions supposées dans la visite des insectes. Je me dispenserai de rendre compte de cette classification fondée sur des hypothèses sans nombre, dont les mots nouveaux, qui impliquent eux-mêmes ces hypothèses, ne me semblent pas devoir être utiles.

M. Hermann Müller (2), outre de nombreux articles, a publié en 1873 un ouvrage considérable sur la fécondation des fleurs par les insectes. Les observations de l'auteur sont relatives à plus de 500 espèces de plantes et à un nombre presque double d'insectes. A la suite de chaque espèce décrite au point de vue de la fécondation croisée se trouve la liste de tous les insectes observés sur ces fleurs, avec l'indication de la nourriture qu'ils y prennent, et souvent de la manière dont s'effectue cette préhension. En ce qui concerne les nectaires, M. H. Müller en décrit le plus souvent l'aspect apparent et la position par rapport aux autres organes floraux. Malheureusement l'auteur n'emploie pas les procédés physiques et chimiques qui permettent de reconnaître les substances sucrées; en outre, il ne fait jamais usage du microscope. Sans cela, cet observateur patient et attentif n'aurait certainement pas commis les erreurs qu'on trouve dans son ouvrage sur cette question; je signalerai incidemment celles qui se rapportent aux plantes que j'ai étudiées. Le procédé d'investigation qui consiste à examiner les *gouttelettes* produites en tel ou tel point de la fleur est abso-

(1) *Loc. cit.*, 1875, p. 83-127.

(2) *Die Befruchtung der Blumen durch Insekten*. Leipzig, 1873. — *Bienen Zeitung*, nombreux articles, etc.

lument insuffisant. Sans déterminer la composition chimique de ces gouttes liquides, ni la structure des tissus d'où elles s'échappent, il est impossible de ne pas tomber dans de fréquentes méprises. M. H. Müller a résumé à la fin de son ouvrage les opinions de MM. Darwin, Hildebrand et Delpino. Sa théorie en diffère peu; cependant il semble trouver quelques exagérations dans certaines adaptations émises par ces auteurs. Une des conclusions principales de cet ouvrage est relative au rôle de la grandeur et de la couleur des enveloppes florales. D'après M. H. Müller, plus les espèces sont à corolles grandes et colorées, dans un même genre, plus elles sont visitées par les insectes qui viennent prendre le nectar.

M. Lubbock (1) a résumé en anglais l'ouvrage de M. Müller, et y a ajouté ses observations personnelles. Il a insisté beaucoup aussi sur ce rôle des parties colorées de la fleur. Dans un exposé très-clair, il expose la théorie de l'adaptation réciproque des fleurs et des insectes. Parmi les auteurs modernes, je citerai MM. Kerner (2), O. Kuntze (3) et Behrens (4), qui ont donné divers développements à cette théorie. Ce dernier auteur en a exposé l'historique d'une manière très-complète et avec beaucoup de méthode.

On le voit, les anciennes observations sur le rôle que peuvent remplir les tissus nectarifères dans l'économie de la plante sont abandonnées; les considérations téléologiques les ont maintenant remplacées. La théorie moderne du rôle des nectaires dans la fécondation croisée est introduite dans l'enseignement en Allemagne, en Angleterre, en Italie. Elle est adoptée par M. Sachs, qui l'expose dans son traité classique de botanique. Enfin, dans les tableaux d'enseignement publiés récemment en Allemagne (5), la Sauge et le Bourdon qui la visite, par exemple, sont représentés de la façon suivante. La fleur et

(1) Lubbock, *British wild Flowers in relation to Insects*. London, 1875.

(2) *Schutzmittel der Pflanzen*, etc., 1873.

(3) *Bot. Zeit.* (*Schutzmittel der Pflanzen*, etc. 1877).

(4) *Beiträge zur Geschichte der Bestaübungs Theorie*. Elberfeld, 1878.

(5) Par M. Dodel Port.

l'insecte sont figurés de manière à montrer que : d'une part, la corolle, les étamines et leur partie stérile, le stigmate, le style, l'ovaire, le nectaire, sont disposés en vue de la visite du Bourdon ; et que, d'autre part, chez le Bourdon, les pattes, la trompe, la tête, le thorax, les poils qui le recouvrent, sont en rapport avec les organes de la Sauge pour opérer le transport du pollen d'une fleur à l'autre.

On comprend que je ne puisse donner ici un compte rendu détaillé des diverses nuances qui séparent les auteurs modernes dans leur manière de voir à ce sujet. Je me bornerai à exposer la théorie dans ses parties fondamentales sur lesquelles ils sont tous d'accord.

J'examinerai ensuite si cette explication du rôle des nectaires est suffisante, s'il n'y a pas lieu de se livrer à de nouvelles recherches sur la structure des tissus nectarifères et sur leurs fonctions physiologiques (1).

(1) Les ouvrages suivants sur les nectaires n'ont pas été cités dans le résumé historique :

Gessner, *Dissertatio physica de vegetab.*, 1741 t. II, p. 11.

Bosseck, *Dissert. de antheris florum*, p. 46.

J. F. Meissner, *Dissertatio de nectariis florum*, 1758.

Odhelius, *Schwedische Abhandl.*, 1774, p. 363.

Frid. Eschenbach, *Diatribe epistolaris nectariorum usum exhibens*, 1776.

Joh. Klipstein, *Dissert. inaug. de nectariis florum*. Iena, 1784.

F. D. P. Schrank, *De nectariorum munere.*

Krünitz, *Œconomische Encyclopädie*, t. IV, 1783.

K. L. Willdenow, *Grundriss der Kraunterkunde*. Berlin, 1792.

Weihe, *Dissertatio de nectariis*. Halle, 1802.

Meinecke, *Ueber die Bedeutung der Nektarien*. Halle, 1809.

Schelver, *Kritik der Lehre von den Geschlechtern der Pflanzen*. Heidelberg, 1812.

C. Schulz, *Die Natur der lebenden Pflanze*, 1828.

Kunth, *Handbuch der Botanik : Nektarien*, 1831.

Meyen, *Ueber die Secretionsorgane der Pflanzen*. Berlin, 1837.

Oken, *Allgem. Naturgeschichte für alle Stände*, Bd. II, 1839.

II.

RÔLE ATTRIBUÉ AUX NECTAIRES DANS LA FÉCONDATION DES FLEURS, D'APRÈS LA THÉORIE MODERNE.

Je ne puis mieux indiquer quel rôle les auteurs modernes assignent aux nectaires, qu'en citant tout d'abord les phrases suivantes prises dans le *Traité de botanique* de M. Sachs :

« Partout où la pollinisation du gynécée est obtenue par » l'intermédiaire des insectes, on trouve dans la fleur des » organes de sécrétion glanduleux.

» La distribution, la forme et la valeur morphologique des » nectaires sont très-diverses et *toujours en relation immédiate* » *avec les combinaisons spécifiques que la fleur réalise dans le* » *but d'amener la pollinisation par les insectes* (1). »

« Les insectes sont les agents involontaires et inconscients » de la pollinisation ; ils ne visitent les fleurs que pour y puiser » le nectar dont ils se nourrissent *et qui y est distillé exclusi-* » *vement dans ce but* (2). »

On verra sur quelles observations et sur quelles expériences sont appuyés les énoncés qui précèdent par l'exposé suivant ; je vais essayer de résumer la théorie moderne sur les relations entre les insectes et les plantes, en insistant sur ce qui est relatif aux nectaires.

§ 1er. — Considérations générales.

Le pollen d'une fleur germe moins facilement sur son propre stigmate que sur celui d'une fleur appartenant à un autre individu de la même espèce. Il y a prépondérance du pollen étranger (expér. de Kölreuter).

Les graines obtenues par fécondation croisée sont plus nom-

(1) Sachs, *Traité de botanique*, trad. franç., p. 649.
(2) *Ibid.*, p. 1061.

breuses, plus lourdes que celles obtenues par autofécondation. Les individus qui proviennent des premières ont des dimensions plus grandes que ceux qui proviennent des secondes. Il y a donc, pour la plante, avantage à être fécondée par croisement (expér. de Darwin).

Le transport du pollen d'un individu à un autre peut se faire, pour un petit nombre d'espèces, par l'action du vent (plantes anémophiles) ; pour le plus grand nombre, il ne peut avoir lieu que par l'intermédiaire des insectes (plantes entomophiles). Nous ne nous occuperons que de ces dernières.

La plante qui a pour sa descendance avantage à être fécondée par croisement doit donc avoir développé dans ses fleurs une source d'attraction pour les insectes. Le principal motif de leur visite est le nectar dont se nourrissent un grand nombre d'entre eux ; aussi les plantes entomophiles ont-elles dans leurs fleurs des nectaires qui servent à produire ce liquide sucré pour les insectes. En outre, toutes les dispositions florales tendent à attirer les insectes vers les nectaires. La structure des différents organes et leur situation réciproque ont pour but de leur faire opérer la fécondation croisée de préférence à l'autofécondation ; ils sont forcés de se placer, par rapport aux nectaires, aux stigmates et aux étamines, dans la position la plus favorable à ce but.

§ 2. — Dispositions florales pour recueillir et protéger le nectar.

Le nectar qui est produit dans les fleurs pourrait tomber sur le sol et être ainsi perdu ; il pourrait aussi être dissous par la pluie ou altéré par les poussières. Les organes floraux se sont différenciés de manière à éviter ces inconvénients. C'est ainsi qu'on explique, en partie, les formes irrégulières des sépales, des pétales, des étamines, ainsi que la présence de divers appendices des feuilles florales.

1° *Récipients du nectar.* — Dans les Violettes, les *Corydallis*, un pétale se recourbe en éperon pour recueillir le nectar produit par les étamines. Dans le *Delphinium*, l'*Aconitum*, ce sont les sépales qui sont creusés pour recevoir le liquide sucré émis par les pétales. Chez les *Aubrietia*, les *Biscutella*, deux sépales sont aussi différenciés pour recevoir le nectar qui provient de tissus spéciaux. Quelquefois c'est le tissu nectarifère lui-même dont la forme permet au nectar d'être rassemblé (*Tropæolum*, beaucoup d'Orchidées et de Renonculacées). Dans d'autres cas, c'est l'intervalle qui sépare les étamines de l'ovaire, etc.

2° *Protection du nectar*. — Le nectar peut être protégé contre la pluie par différentes dispositions florales. Sa protection peut être obtenue d'une façon très-simple par la situation renversée ou inclinée de la fleur (*Polygonatum*, *Gladiolus*, *Ribes Grossularia*). Souvent ce sont des poils qui, placés au-dessus des nectaires, empêchent l'eau d'arriver jusqu'au nectar (*Pulmonaria*, *Geranium*, beaucoup de Labiées). Des appendices variés peuvent aussi jouer ce rôle (ligules spéciales des *Dianthus*, languettes ou bosses internes de la corolle des Borraginées). D'autres fois c'est la réunion des étamines en faisceaux au-dessus des nectaires, la dilatation ailée des filets, etc.

Par suite de ces différentes dispositions, le liquide sucré ne tombe pas, n'est pas entraîné par la pluie, n'est pas altéré par les poussières. Enfin, il peut s'accumuler en plus grande abondance. Il devient par là le motif de la visite répétée des insectes. Donc, en définitive, toutes ces dispositions facilitent la fécondation croisée.

§ 3. — Attraction vers les nectaires.

Maintenant que l'appât pour les insectes est préparé, il faut encore qu'ils l'aperçoivent facilement. D'autres parties de la fleur sont disposées dans le but d'attirer les insectes et de les guider vers les nectaires. C'est surtout par la couleur, la grandeur de la corolle et l'odeur que cette attraction a lieu.

1° *Couleur*. — Ce but spécial explique la présence dans les fleurs de pigments colorés, les taches et les stries qu'elles présentent.

Le plus souvent ce sont les pétales qui remplissent le rôle d'« enseigne » pour les insectes. Dans les Composées radiées, les corolles d'un certain nombre de fleurs se sont différenciées pour ce motif. Dans d'autres cas, ce sont les sépales (*Aconitum*, *Impatiens*), ou les étamines (*Thalictrum*, *Salix*), qui forment les parties visibles et colorées.

« Dans des conditions semblables, d'ailleurs, une espèce de » fleur est visitée par les insectes d'une façon d'autant plus » fréquente qu'elle est plus visible. Pour les formes florales » analogues, la pollinisation étrangère est plus favorisée dans » les fleurs les plus visibles, *sans exception* (1). »

Quelquefois les conditions de visibilité sont remplies par la réunion d'un grand nombre de petites fleurs : c'est là le rôle des inflorescences en ombelle, en grappe, en capitule, en corymbe serré.

Enfin, pour les plantes dioïques et nectarifères, on peut énoncer la loi suivante : Les fleurs mâles sont plus visibles que les fleurs femelles. Elles sont ainsi visitées *d'abord* par les insectes, ce qui assure la fécondation croisée (2).

2° *Taches, stries.* — L'indication des nectaires est souvent plus complète. Des taches colorées, « des lignes ou des cercles » sur la corolle guident les insectes vers le bon endroit (3) ». C'est ainsi que s'explique la formation des fleurs striées dont les bandes colorées convergent vers les nectaires pour indiquer aux insectes le chemin à suivre.

« Le développement de ces marques est réellement corrélatif » de celui du nectar (4). »

Si l'on déplace un peu la gouttelette de nectar qui se trouve à la base des stries, l'insecte visiteur met plus de temps à pomper le liquide sucré (5).

(1) H. Müller, *loc. cit.*, p. 426.

(2) Id., *loc. cit.*, p. 149.

(3) Lubbock, *loc. cit.*, p. 3.

(4) Darwin, *Fécondat. croisée*, p. 380.

(5) Expériences de M. Lubbock, *loc. cit.*, p. 44.

3° *Grandeur de la corolle.* — Dans un même genre, les insectes visitent en plus grand nombre les espèces à grandes corolles (1). C'est là encore une disposition relative à la visibilité.

4° *Odeur.* — Dans d'autres cas, c'est le parfum de la plante qui a pour but d'attirer les insectes. Ainsi s'expliquent les odeurs des fleurs. En particulier, on comprend la nécessité du parfum chez les fleurs nocturnes, dont la corolle est rendue invisible au moment où elle est déployée.

Par tous ces moyens, les insectes sont maintenant amenés à visiter les fleurs où ils trouvent le nectar accumulé. Reste à les forcer, par la structure même de la fleur, à produire cette visite de manière à opérer sûrement la fécondation croisée.

§ 4. — Adaptation réciproque de la fleur et de l'insecte.

« La position des nectaires, logés le plus souvent au fond » même de la fleur, aussi bien que la grandeur, la forme, la » disposition, et souvent même aussi les mouvements des » organes floraux au temps de la pollinisation, sont toujours » *calculés* de façon que l'insecte, *souvent même qu'un insecte* » *d'espèce déterminée*, soit obligé, pendant qu'il cherche à » puiser le nectar, de donner à son corps une position *déter-* » *minée* et d'accomplir des mouvements également *déterminés*, » de façon que les grains de pollen demeurent suspendus à ses » poils, à ses pattes, à sa trompe, et puissent être ensuite » portés sur le stigmate, quand l'animal ira prendre sur une » fleur différente une position semblable (2). »

Ainsi est résumé dans le traité de M. Sachs l'ensemble des adaptations réciproques entre la fleur et l'insecte.

Les dispositions florales peuvent :

1° Faciliter la fécondation croisée par certaines espèces d'insectes.

2° Écarter les autres insectes qui ne sont pas adaptés à la forme de la fleur pour opérer le croisement.

(1) Voy. Lubbock, *loc. cit.*, p. 13, et aussi H. Müller, *loc. cit.*
(2) Sachs, *loc. cit.*, p. 1064.

1° *Dispositions florales qui facilitent la fécondation croisée.* — Beaucoup d'espèces végétales ont des fleurs qui présentent des formes différentes, surtout par la position relative des nectaires, des étamines et du style.

Les formes les plus différentes sont celles que présentent les plantes dioïques ou monoïques, qui ont des fleurs mâles et des fleurs femelles. Dans les plantes dioïques, la fécondation d'un individu à un autre est inévitable ; dans les plantes monoïques, elle est seulement favorisée.

Mais, même chez les plantes hermaphrodites, une espèce donnée présente souvent des individus dont les fleurs ont des formes très-différentes (1). Chez beaucoup d'espèces des genres *Linum*, *Oxalis*, *Primula*, *Lythrum*, etc., certains individus présentent des fleurs à longs styles et à courtes étamines ; d'autres sont à longues étamines et à styles courts. C'est ce qu'on appelle l'*hétérostylie*. Dans ces diverses fleurs, les nectaires occupent toujours la même position par rapport à la corolle. Par suite, l'insecte adapté à cette espèce, se plaçant toujours de la même manière pour prendre le nectar, touche avec la même partie de son corps tantôt l'étamine, tantôt le style, et la fécondation croisée est assurée. En outre, l'écartement du stigmate et des étamines est un obstacle à l'autofécondation.

La plante peut aussi prendre un autre moyen pour forcer l'insecte à opérer le croisement. Dans ce but, les papilles stigmatiques ne mûrissent pas en même temps que les étamines, et, par suite des mouvements floraux, ces deux organes viennent occuper successivement la même position par rapport aux nectaires. C'est la *dichogamie*. En ce cas encore, l'insecte, se plaçant toujours dans la même position, assure la fécondation croisée (2). En outre, la non-concordance de maturité

(1) Voyez surtout à ce sujet : H. von Mohl, *Einige Beobachtungen über dimorphe Blüthen* (*Bot. Zeitung*, 1863 ; *Ann. sc. nat.*, 5e sér., t. I, p. 199), et Darwin, *Différentes formes de fleurs* (Paris, 1878), où sont recueillis tous les faits intéressants observés par l'auteur.

(2) Voy. Hildebrand, *loc. cit.*

chez les organes mâles et femelles de la même fleur met obstacle à l'autofécondation.

La disposition même des fleurs peut aussi donner lieu à des adaptations complexes. Des fleurs en grappes, dont les étamines sont mûres avant les stigmates, sont adaptées à la fécondation croisée; car les Abeilles, par exemple, visitant les grappes de bas en haut, transportent le pollen mûr des fleurs les plus hautes d'une première grappe sur les papilles stigmatiques des fleurs les plus basses d'une seconde (1). Si chaque individu ne produit qu'une seule fleur, la fécondation croisée d'individu à individu est encore facilitée (2).

2° *Exclusion des insectes non adaptés.* — Diverses particularités florales sont disposées de façon à limiter l'arrivée des insectes aux seules espèces adaptées. Les autres espèces d'insectes ne peuvent en effet que nuire à la plante si elles enlèvent le nectar sans utilité pour elles, ou bien encore si elles détruisent les étamines et les stigmates, comme les Coléoptères, par exemple.

a. Par la couleur. — Certaines couleurs peuvent écarter une catégorie tout entière d'insectes nuisibles. C'est ainsi que les Coléoptères ne visitent pas les fleurs de couleur jaune brun ou jaunâtre (3). D'autres colorations sembleraient attirer exclusivement certains insectes adaptés. C'est ainsi qu'on a cité les fleurs à taches pourpres et les fleurs jaunâtres comme exclusivement visitées par les Diptères (4).

b. Par le parfum. — Le parfum des fleurs peut aussi leur servir à attirer certains insectes et à en éloigner d'autres. Certaines fleurs sont visitées par les Diptères et non par les Hyménoptères, à cause de leur odeur (*Ruta, Anethum* (5) ou mieux, encore *Sambucus*) (6).

(1) Darwin, *Fécondat. croisée*, loc. cit., p. 399.

(2) Id., p. 398. — Kerner, *Schutzmittel der Pfl.*, 1873, p. 23. — Cheeseman, *Transact. N. Zeal. Inst.*, 1873, p. 356.

(3) H. Müller, *loc. cit.*, p. 103 et 432.

(4) Delpino, *Ulter. Osserv.*, loc. cit.

(5) Id. *ibid.*

(6) H. Müller, *loc. cit.*, p. 433.

c. Par la disposition des organes floraux. — La présence de poils spéciaux placés au devant des nectaires peut servir d'obstacle aux insectes à courte trompe, comme dans la Digitale (1), les Labiées, etc. D'autres dispositions florales particulières peuvent aussi remplir ce même but. La fermeture de la corolle chez les Linaires et les Mufliers en est un exemple. Les deux lèvres doivent être écartées par les Bourdons visiteurs, tandis que les Diptères ou les Lépidoptères ne pourraient prendre ainsi le nectar de ces fleurs.

C'est dans ce but d'exclure les insectes non adaptés que les formes de la corolle, la position des nectaires, sont si variables dans les différentes plantes. Les corolles à long tube renfermant au fond le nectar sont exclusivement adaptées à la visite des Papillons ou de quelques Bourdons à très-longue trompe. Les fleurs à nectar découvert sont au contraire adaptées aux insectes à courte trompe (2).

L'adaptation peut même se limiter à un insecte particulier. Les *Delphinium Consolida* et *D. elatum*, par exemple, sont spécialement adaptés à la visite du *Bombus hortorum*. La forme de la corolle, la distance qui sépare du nectar l'entrée de l'éperon, tout concourt à la seule visite du *B. hortorum* opérant la fécondation croisée (3).

d. Par le temps ou la localité. — Les espèces d'insectes visiteurs peuvent être limitées par la saison ou l'heure pendant lesquelles la plante épanouit ses fleurs. Le *Lychnis vespertina*, dont les fleurs ne s'ouvrent que la nuit, est adapté à la visite des Papillons nocturnes; il ne peut être visité par les insectes diurnes.

Une limitation analogue peut se produire par la localité spéciale où croît l'espèce considérée. Inversement, il faut que l'insecte adapté se trouve là où croît la plante, et « l'on peut » admettre que la distribution géographique d'un grand nom-

(1) Darwin, *Fécondat. croisée*, loc. cit., p. 482.

(2) H. Müller, *loc. cit.*, p. 435.

(3) Id., *ibid.*, p. 121, 122.

» bre de plantes trouve sa limite là où il y a absence d'in-
» sectes appropriés à leur fécondation (1) ».

Par un ou plusieurs des divers procédés qui précèdent, les fleurs s'adaptent à la visite des insectes dans le but spécial de la fécondation croisée. Réciproquement, les différentes espèces d'insectes sont adaptées à des formes spéciales de fleurs : par la longueur et la forme de leur trompe, par les poils placés sur les parties qui doivent toucher le pollen, par la forme générale de leur tête, de leur thorax, de leurs pattes.

§ 5. — Conclusions de la théorie précédente.

Il y a donc d'une manière générale, entre les fleurs et les insectes, une adaptation réciproque, et le but final de cette adaptation, c'est la production du croisement chez les Phanérogames.

On peut se rendre compte de la manière dont s'est établie l'adaptation, en considérant la succession des espèces végétales aux diverses époques géologiques. Les plus anciennes plantes phanérogames sont dioïques (2), elles ont été fécondées par le vent. Ensuite apparaissent les fleurs hermaphrodites. La tendance continuelle chez ces plantes, à mesure que les insectes ailés se sont développés, a été de devenir entomophiles, c'est-à-dire fécondées par les insectes (3). L'adaptation s'est peu à peu développée ; les fleurs sont devenues nectarifères. « Il faut absolument admettre que les premières ont pré-» senté le nectar découvert (4). » Puis les trompes des insectes et les tubes des fleurs se sont allongés corrélativement pour beaucoup d'espèces, et ce développement a peu à peu donné lieu aux formes diverses de fleurs et d'insectes (5).

Cette tendance continue à se produire actuellement : les

(1) Delpino, *loc. cit.*, et H. Müller, p. 136.
(2) Nægeli, *Entstehung und Begriff der Naturhist. Art.*, 1865, p. 22.
(3) Darwin, *Fécondat. croisée*, loc. cit., p. 409 et suiv.; p. 419 et suiv
(4) H. Müller, *loc. cit.*, p. 136.
(5) Id., *ibid.*

plantes hermaphrodites retournent à la dioïcité ; les fleurs hétérostyles ou dichogames marquent les étapes intermédiaires. Les plantes les plus perfectionnées sont celles où la fécondation croisée par les insectes se trouve exclusivement assurée, comme chez les plantes à la fois dioïques et nectarifères.

« Non-seulement la forme et les couleurs actuelles, les » teintes brillantes, la douce odeur et le miel des fleurs ont » été peu à peu développés par la sélection inconsciente exercée » par les insectes ; mais l'arrangement même des couleurs, » les bandes circulaires, les lignes radiales, la forme, la gran- » deur et la position des pétales, la situation relative des éta- » mines et du pistil sont tous disposés par rapport aux » visites d'insectes, et de façon à assurer le grand objet que » ces visites sont destinées à effectuer (1). »

III.

EXAMEN DE LA THÉORIE PRÉCÉDENTE PAR L'OBSERVATION ET L'EXPÉRIENCE.

Il n'est pas un observateur impartial qui, après avoir examiné pendant quelque temps les relations entre les insectes et les plantes, ne soit convaincu de l'exagération ou de l'inexactitude de beaucoup des énoncés qui précèdent. S'il est dégagé de toute idée préconçue, s'il ne laisse pas son imagination l'entraîner au delà des faits positivement constatés, il trouvera certainement que la théorie moderne de l'adaptation réciproque s'appuie beaucoup plus sur de séduisantes hypothèses que sur des réalités. Il ne tardera pas à rencontrer de nombreux exemples qui contredisent sur presque tous les points les assertions précédentes.

Ainsi, la plus belle de nos Labiées indigènes, aux environs de Paris, le *Melittis Melissophyllum*, possède une très-grande corolle de la couleur la plus visible, le blanc ; des taches rouges, tranchant sur le fond, marquent l'entrée du tube

(1) Lubbock, *loc. cit.*, p. 44.

de la corolle ; à l'intérieur de ce tube se trouvent des poils protecteurs ; le stigmate et les étamines se déplacent successivement, occupant les positions qui favorisent la fécondation croisée. Or les nectaires, en général très-développés chez toutes les Labiées, sont avortés chez cette espèce. On n'y observe ni nectar, ni insectes visiteurs.

Un champ de *Vicia sativa* avant la floraison n'offre aucune couleur spéciale. Il est d'un vert uniforme comme un champ d'Avoine ou de jeune Blé. On n'y reconnaît pas un parfum particulier, comme celui du *Melittis*. Ces plantes non encore fleuries possèdent sur leurs stipules des nectaires qui émettent en abondance un liquide sucré. Aucun récipient ne recueille le nectar ; aucun appareil, aucune strie ou marque particulière n'est disposée pour guider les chercheurs de miel. Or ces champs de *Vicia* sont couverts d'insectes, et en particulier d'Abeilles qui recueillent le liquide sucré, sans qu'à ce moment la plante y trouve en échange l'avantage de la fécondation croisée.

Quelques exemples aussi frappants que ceux-ci pourraient suffire pour montrer l'insuffisance de la théorie moderne sur le rôle des nectaires à ceux qui ont l'occasion de faire des observations sur ce sujet. Mais cette théorie est maintenant partout répandue et généralement admise, introduite dans les ouvrages classiques et dans l'enseignement ; on a avancé pour la soutenir un nombre considérable de faits. Ces raisons m'ont déterminé à en examiner successivement et en détail les principaux points, par l'observation et par l'expérience. Je crois nécessaire de donner un compte rendu de cet examen.

Les observations que j'ai faites sur les relations entre les nectaires, la forme des fleurs et les insectes portent sur environ 800 espèces de plantes. Mais, pour les insectes, je me suis borné à l'observation des Hyménoptères. J'ai insisté surtout sur la visite des insectes appartenant à la famille des *Apideæ* ou Mellifères. Je n'ai pris note des autres insectes que dans quelques cas spécialement intéressants.

Ces observations ont été faites pendant toute une saison dans les Alpes du Dauphiné (1871), dans les Pyrénées-Orientales, en Provence, dans les Alpes françaises, suisses, tyroliennes (1872-73-74), en Auvergne, aux environs de Paris et en Normandie (1875-76-77-78), enfin en Norvége et en Suède (1878).

Les expériences ou observations spécialement relatives aux Abeilles ont été faites près de ruches situées à 1500 mètres d'altitude, à Huez (Oisans), et surtout à Louye (Eure), dans les ruchers de M. de Layens, auquel je suis redevable de nombreuses remarques sur la visite des fleurs par les Abeilles. Je dois aussi quelques renseignements intéressants à M. le docteur Dahm, de Calmar (Suède), et à M. Todd, apiculteur à Blidah (Algérie).

Je ne puis énumérer ici toutes les observations faites. La lecture fastidieuse d'une liste complète des plantes observées, suivie des noms d'insectes visiteurs, est inutile pour l'examen que nous nous proposons de faire (1). MM. Darwin, Delpino, Lubbock, Müller, ont insisté surtout sur les faits qui appuient leurs considérations téléologiques ; j'insisterai surtout sur ceux qui ne les confirment pas.

Avant tout, je veux me prémunir contre un genre d'interprétation familier aux auteurs de la théorie précédente et qui pourrait être invoqué pour répondre à toutes les objections qu'on peut faire à leur manière de voir. Si une fleur striée n'a pas de nectar, par exemple, au lieu d'en conclure que les stries ne sont pas faites pour guider les insectes vers un nectaire qui n'existe pas, ils supposent que la fleur a gardé la trace d'un premier état nectarifère. Si le nectar existe sans que la corolle ait revêtu d'éclat, c'est au contraire parce que la plante n'a pas encore atteint par la sélection naturelle le degré de perfectionnement voulu. De cette manière, on peut tout expliquer. Tous les faits opposés à la théorie y rentrent avec facilité.

Il ne faut pas perdre de vue qu'un semblable raisonnement

(1) On trouvera un grand nombre de renseignements sur la visite des fleurs par toutes les familles d'insectes dans les ouvrages de M. Hermann Müller.

est purement et simplement un cercle vicieux. L'interprétation du rôle des nectaires n'a pu être établie que sur des faits actuellement observés; tous les faits actuellement observés qui ne concordent pas avec cette interprétation constituent autant d'objections contre sa valeur. Hors de là il ne saurait y avoir de raisonnement scientifique, mais seulement des considérations de l'ordre imaginatif.

Passons donc en revue successivement les différents points de la théorie exprimée plus haut.

§ 1er. — Considérations générales.

Au sujet des lignes citées page 17, où M. Sachs résume l'ensemble des fonctions attribuées aux nectaires, je ferai d'abord quelques remarques. L'auteur semble oublier que les insectes ne prennent pas seulement le nectar, mais aussi le pollen, sans compter ceux qui dévorent toutes les parties essentielles de la fleur.

Il y a beaucoup de plantes où la pollinisation se fait par l'intermédiaire des insectes et où l'on n'observe aucun nectar. Telles sont, par exemple, les Papavéracées, un grand nombre d'Hypéricinées, d'*Helianthemum*, de Solanées, d'Orchidées, de *Clematis*, *Anemone*, *Thalictrum*, etc. Sur les fleurs de toutes ces plantes, on peut observer des insectes qui y récoltent exclusivement le pollen.

Mais les observations qui vont suivre serviront de réfutation aux deux énoncés les plus importants. Nous verrons s'il est possible d'admettre que, dans la position et la structure des nectaires, tout est *calculé* en vue de la visite des insectes, et que les nectaires aient pour but *exclusif* de former le nectar nécessaire aux visiteurs.

M. Darwin a certainement montré par ses nombreuses expériences, faites avec grand soin, par son étude attentive des résultats produits, que, dans la plupart des 57 espèces qu'il a étudiées, la taille des plantes issues de fécondation croisée est en général un peu plus grande que celle des plantes issues de fécondation directe. Mais une seule autofécondation ramène la plante à son état primitif (1). Quelques jours de mauvais temps, et l'absence d'insectes qui en résulte, font redescendre en une fois tous les échelons laborieusement gravis par des sélections successives. C'est là une considération importante, une objection contre l'application exagérée de la remarquable théorie de l'évolution au sujet qui nous occupe.

En outre, la loi ne saurait être générale : les insectes peuvent porter le pollen d'une variété sur une autre, d'une espèce à une voisine (2) ; ils donneront ainsi naissance à des plants croisés ou à des hybrides qui seront au contraire moins féconds ou stériles (3).

Les hypothèses interviennent quand M. Darwin conclut de ses expériences que la plante cherche par toutes ses dispositions florales à obtenir la fécondation croisée. La généralisation est certainement trop grande lorsqu'il dit que « la nature a horreur des perpétuelles autofécondations » (énoncé que M. Édouard Heckel a comparé à la découverte de Torricelli).

Il est impossible de méconnaître toutes les dispositions des fleurs qui favorisent l'autofécondation ; celles même qui la rendent inévitable, comme la formation de fleurs clistogames par exemple (fleurs qui ne s'ouvrent pas). Plusieurs auteurs ont insisté sur ce point ; ils ont mis en évidence les cas si fréquents où l'autofécondation est prédominante. Treviranus (4) en a cité un très-grand nombre. M. F. Ludwig (5) a traité aussi ce sujet, signalant les *obstacles à la fécondation croisée.* MM. Pedicino et O. Comes (6) se sont aussi occupés des

(1) Voy. Darwin, *Différ. formes des fleurs*, Préface, p. XVII.

(2) On pourrait objecter à ce sujet que les Abeilles visitent toujours les mêmes espèces à un moment donné. Mais cette loi ne s'applique pas aux autres Hyménoptères et aux autres insectes ; en outre, j'ai constaté par l'expérience que, même pour l'Abeille, elle n'avait aucune rigueur. M. H. Müller a fait des observations analogues.

(3) Voy. Kölreuter, *loc. cit.*, etc.

(4) *Ueber Dichogamie* (*Bot. Zeit.*, 1863, etc.).

(5) *Die Befruchtung der Pflanzen.* Bielefeld, 1867, p. 24 et suiv.

(6) O. Comes, *Studii sulla impollinaz. in alcune piante*, 1874, p. 19.

dispositions florales qui favorisent l'autofécondation. Les conclusions de M. Thomas Meehan (1) sont tout à fait contraires à celles de M. Darwin. Enfin, dans l'ouvrage de M. Severin Axell, l'auteur, tout en admettant les avantages de la fécondation croisée, pense que l'autofécondation, en s'y ajoutant, constitue un perfectionnement (2). Ces auteurs ont cherché à établir par de nombreuses observations l'inexactitude ou l'exagération de la loi énoncée par M. Darwin.

Je n'entreprendrai pas de discuter ce point, ce qui m'entraînerait en dehors du sujet de ce travail. Je me bornerai à l'examen des faits qui ont plus directement rapport au rôle qu'on attribue aux nectaires.

§ 2. — Observations et expériences sur les organes protecteurs du nectar.

a. Récipients du nectar. — M. Darwin (3) dit que chez les Orchidées le labelle se creuse en éperon pour recueillir et rassembler le nectar. Or, dans un très-grand nombre d'Orchidées, on ne trouve pas de nectar dans l'éperon du labelle (4). M. Darwin admet lui-même qu'il n'en a pas rencontré dans la moitié des Orchidées qu'il a observées. Il est vrai qu'il suppose alors que « les ancêtres » de ces plantes en avaient. Le but de recueillir le nectar n'est donc pas une explication de la formation des éperons chez les organes floraux. L'appendice calicinal chez les *Scutellaria* ne recueille pas de nectar, parce qu'il ne se produit pas de matières sucrées au-dessus de lui ; celui du *Delphinium* peut en recueillir parce qu'il est situé sous un nectaire.

(1) *Are Insects any material aid to Plants in fertilization?* 1876.

(2) *Fanerogamer Växternas Befruktning.* Stockholm, 1869.

(3) *Fécondat. des Orchidées*, loc. cit.

(4) Par exemple : *Orchis latifolia, O. maculata, O. militaris, O. Morio, O. fusca, Anacamptis pyramidalis, Cephalanthera ensifolia, Herminium monorchis, Malaxis paludosa*, etc., et un grand nombre d'Orchidées exotiques citées par M. Darwin.

M. H. Müller et surtout M. Delpino décrivent comme récipients du nectar les intervalles entre les étamines et l'ovaire, entre la corolle et le calice, le tube des Gamopétales, etc.; mais on sait que ces dispositions existent aussi bien chez les fleurs non nectarifères. Il est impossible d'admettre qu'elles aient été prises dans le but spécial de recueillir le liquide sucré.

D'un autre côté, il y a, chez un grand nombre de plantes, du nectar qui se forme sans récipients spéciaux (Ombellifères, Cornées, Araliacées, etc.). Ainsi il existe de nombreux exemples de récipients à nectar sans nectar produit, et de nectar produit sans formation de récipients spéciaux.

Le développement d'éperons dans les organes floraux et celui du nectar ne sont pas nécessairement concordants.

Lorsqu'une semblable disposition existe et recueille réellement le nectar, nous verrons du reste qu'on peut aussi bien lui attribuer un autre rôle que celui de former une plus grande provision pour les insectes visiteurs.

b. Protection du nectar. — On ne peut pas expliquer la position renversée des fleurs par le but de protéger le nectar contre la pluie, car un grand nombre de fleurs sans nectar sont aussi penchées (plusieurs *Clematis*, *Anemone*, *Rumex*, Cupulifères, beaucoup de Monocotylédonées, etc.). Le *Polygonatum vulgare* a des fleurs renversées qui protégent son nectar contre la pluie; le *Convallaria maialis* a les fleurs également renversées, mais sans nectar.

La fonction des poils est souvent très-obscure. Lorsqu'ils se trouvent placés dans le voisinage des nectaires, un rôle précis leur est attribué. L'anneau de poils qu'on trouve à l'intérieur du tube de la corolle chez les Labiées protége le nectar contre la pluie et la poussière. Si tel était le rôle de ces poils, ils ne devraient pas être bien développés chez les Labiées non mellifères ; il n'en est rien. En outre, chez les Labiées très-nectarifères, le niveau du liquide sucré dépasse le plus souvent l'anneau de poils ; ce dernier ne peut alors être considéré comme protecteur du nectar.

Un grand nombre de nectaires ne sont en rien protégés (*Viscum*, Ombellifères, *Hedera*, *Cornus*, etc.). Au contraire, les poils à l'intérieur de la fleur, chez les *Tulipa silvestris*, *Melittis*, Cypéracées, etc., ne protégent aucun liquide sucré; les écailles, les plis ou les poils de la corolle ne sont pas protecteurs chez les Borraginées quand le tube est lui-même assez étroit pour ne pas permettre l'introduction de gouttelettes (*Myosotis*), ou quand la fleur est renversée (*Borrago*) : ces organes devraient donc disparaître ou s'atrophier dans ce cas-là ; ils sont très-bien développés.

Si les poils ou les écailles peuvent avoir une action protectrice assez efficace dans certains cas, comme dans les *Tilia*, il n'en est pas toujours ainsi. Je citerai les exemples suivants :

Première expérience. — Les poils qui abondent dans le tube de la corolle chez le *Symphoricarpos racemosa* sont donnés comme *Saftgedecke* destinés à protéger le nectar contre la pluie (1). Mais c'est surtout dans le tissu même du nectaire que la matière très-riche en sucres est avidement recherchée par les insectes. Le rôle protecteur des poils doit donc être sensiblement nul.

Dans 10 fleurs de *Symphoricarpos*, où les étamines étaient en partie ouvertes, j'ai coupé le plus grand nombre des poils avec des ciseaux. 10 autres fleurs de même âge, laissées intactes, ont été examinées comparativement. Ces 20 fleurs étaient visitées par les *Vespa germanica*, *V. media*, *Andrena fulvicrus*, *Polistes gallica*, *Bombus hortorum*, *Apis mellifica*.

Par une pluie de longue durée, le 27 mai, ces deux derniers Hyménoptères seuls ont continué à visiter les fleurs. Je les ai observés sur les 10 fleurs à poils coupés, pompant le contenu sucré, mordant ou déchirant le tissu, aussi bien que sur les 10 fleurs intactes, sans qu'ils paraissent arrêtés par l'eau tombant sur les fleurs. Ils étaient en même nombre en moyenne et restaient le même temps sur les fleurs de l'une et de l'autre sorte (Louye).

(1) Voy. H. Müller, *loc. cit.*, p. 361.

Deuxième expérience. — L'âge de 20 fleurs de *Lycopsis arvensis* étant défini par le diamètre de la corolle et le nombre de fleurs ouvertes situées au-dessus de la grappe, j'ai coupé avec de fins ciseaux les cinq écailles de 10 d'entre elles ; les 10 autres, restées intactes, ont été examinées comparativement. Après une forte pluie, le tube de la corolle contenait le même volume de nectar en moyenne dans les fleurs sans écailles et dans les fleurs intactes. Aucune gouttelette d'eau n'avait pu pénétrer jusqu'au nectar à travers le tube étroit et courbé. La protection par ces écailles était donc inutile.

Nous pouvons conclure de ce qui précède, que :

Le développement d'écailles internes de la corolle, de poils à l'intérieur de la fleur, etc., et celui du nectar, ne sont pas nécessairement concordants.

Quant à la connivence des étamines, la réunion des autres organes floraux comme protecteurs du nectar, on observe aussi bien ces dispositions chez les plantes non nectarifères que chez les autres.

§ 3. — Observations et expériences sur l'attraction vers les nectaires.

1° *Couleur.* — M. Darwin dit que les fleurs peu visibles, qu'il appelle « fleurs obscures », sont peu visitées par les insectes, tandis que les fleurs vivement colorées le sont beaucoup.

Les apiculteurs ne paraissent pas être de cet avis. Les fleurs obscures des Saules femelles, des Érables, du Réséda, du Lierre sont connues comme étant une ressource importante pour les Abeilles, tandis que les Chrysanthèmes, les Roses, les Lis, un grand nombre de fleurs richement colorées, ne sont pas visitées.

Je vais citer, du reste, les fleurs obscures que j'ai observées comme très-nectarifères et visitées par les insectes avec avidité et fréquence.

EXEMPLES DE FLEURS OBSCURES ABONDAMMENT VISITÉES PAR LES INSECTES.

Bryonia dioica, fleurs blanc verdâtre peu visibles, très-nectarifères, très-visitées.

Hedera Helix, fleurs vertes couvertes d'insectes à l'automne.

Helleborus fœtidus, fleurs vertes. Abondamment visité en mars (Normandie), en avril (Alpes).

Viscum album, fleur vert jaunâtre peu visible. Visité par les Abeilles au printemps (Eure).

Salix Capræa, *S. aurita*, *S. alba*, *S. fragilis*, *S. cinerea*, etc., fleurs fem. vertes. Abondance énorme d'insectes et surtout d'Hyménoptères (environs de Paris).

Salix Lapponum, *S. pentandra*, *S. incana*, *S. arbuscula*, etc., fleurs femelles vertes. Les Saules de la région alpine sont visités en abondance par les Hyménoptères (Alpes).

Ribes alpinum, fleurs très-petites, jaunâtres, peu visibles. Très-visité (Alpes du Dauphiné).

Listera ovata, *Satyrium viride*, fleurs vertes, nectarifères, visitées plus abondamment qu'un grand nombre d'autres Orchidées à fleurs colorées (env. de Paris).

Epipactis latifolia, *E. atrorubens*, fleurs peu visibles, visitées et mellifères (env. de Paris).

Spiranthes autumnalis, fleurs très-petites, blanc verdâtre, peu visibles; beaucoup de nectar. Une des Orchidees des environs de Paris les plus fréquentées par les Hyménoptères.

Cerinthe minor, corolles jaune verdâtre tranchant à peine sur la couleur de la plante. Très-visité par les Abeilles (Alpes, Kiel).

Amarantus chlorostachys, fleurs très-petites, vertes. Une des dix espèces les plus mellifères des environs de Blidah (1).

Asparagus horridus, id.

Reseda odorata, *R. Luteola*, *R. Phyteuma*, fleurs vertes ou blanc verdâtre, peu visibles, très-nectarifères, beaucoup d'Hyménoptères (envir. de Paris, Dauphiné).

Teucrium Scorodonia, fleurs petites, blanc vert. Nectaires développés, beaucoup d'Abeilles et de Bourdons (Eure).

Rhamnus Frangula, toutes petites fleurs blanchâtres cachées sous les feuilles. Les Abeilles, les *Bombus agrorum*, *B. terrestris*, etc., y vont en grande quantité au moment de la floraison (Eure).

Rhamnus alpinus, id. (Alpes).

Paliurus australis, fleurs très-peu visibles, mellifères, visitées (Provence).

Pistacia Lentiscus, *P. Terebinthus*, id. (Provence, Dauphiné).

(1) D'après M. Todd.

Ceratonia Siliqua, fleurs sans périanthe. Plante très-mellifère et recherchée par les Abeilles.
Acer opulifolium, fleurs verdâtres. Une des plantes les plus mellifères et les plus visitées au printemps dans les Alpes.
Acer Pseudo-Platanus, *A. platanoides*, fleurs verdâtres très-visitées.
Cornus mas, fleurs jaunâtres peu visibles, nectar ; plus visitées que le *C. sanguinea* à fleurs blanches visibles.
Euphorbia amygdaloides, fleurs vertes. J'y ai observé les Abeilles en abondance recueillant le nectar (5 mai, Eure).
Polygonum aviculare. Une des plantes les moins visibles, dont les fleurs sont à la fois très-petites et peu distinctes. Visité par les Abeilles et les Bourdons après la moisson à Huez (Oisans), et dans la plaine, à Lusinay près de Vienne (Isère).
Ribes nigrum, *R. Grossularia*, fleurs peu saillantes aux yeux ou cachées sous les feuilles. Nectar. Abeilles et Bourdons.
Populus nigra, fleurs femelles vert sombre. J'ai observé les Abeilles récoltant le nectar (env. de Paris).
Asparagus officinalis, fleurs vertes, nectarifères, visitées (Paris, Alpes).
Eryngium campestre, fleurs vertes, nectarifères, visitées (Paris).
Erica carnea, fleurs vertes, mellifères. Hyménoptères.
Daphne Laureola, fleurs vertes cachées sous les feuilles, très-nectarifères. Abeilles (Alpes, Pyrénées-Orientales, Eure).
Sibbaldia procumbens, fleurs toutes petites, vertes, nectarifères. Hyménoptères visiteurs (Tyrol, Suisse).
Sedum Telephium, fleurs peu visibles, nectar, insectes (Paris).
Orobanchées, presque toutes peu visibles et nectarifères (Norvége).
Neottia Nidus-avis, fleurs brun pâle, décolorées, nectarifères ; visitées (Alpes, env. de Paris).
Monotropa Hypopitys, id.

On voit par ces exemples qu'un grand nombre de fleurs obscures émettent beaucoup de nectar ; que les insectes y sont attirés en grande quantité, malgré l'absence de couleurs brillantes dans les organes de la fleur, même lorsque les fleurs petites et vertes sont dissimulées par les feuilles.

Je citerai au contraire les espèces suivantes dont les fleurs sont revêtues de brillantes colorations ; elles n'émettent aucun nectar (1), ou bien sont à peine visitées par les insectes, ou bien ne le sont pas du tout.

(1) Celles qui n'émettent pas de nectar peuvent être quelquefois visitées pour le pollen.

Clematis recta.
— Flammula.
Anemone ranunculoides.
Atragene alpina.
Thalictrum aquilegifolium.
Anemone silvestris.
Nymphæa alba.
Nuphar luteum.
Eschscholtzia californica.
Chelidonium majus.
Hypecoum grandiflorum.
— procumbens.
Papaver Rhœas.
— Argemone.
— hybridum.
— dubium.
— alpinum.
— somniferum.
Helianthemum vulgare.
— guttatum.
Fumana Spachii.
Hypericum perforatum.
Chrysanthemum (plus. esp.).
Dryas octopetala.
Rosa (nombr. esp.).
Portulaca grandiflora.
Campanula medium.
Solanum Dulcamara.
— tuberosum.
Datura Stramonium.
Melittis Melissophyllum.
Cyclamen europæum.
Orchidées nombreuses (voy. p. 35).
Convallaria maialis.
Tulipa (nombr. esp.).
Colchicum autumnale.
Lilium (nombr. esp.).
Fritillaria (nombr. esp.).
Funkia.
Etc., etc.

Cette liste pourrait être très-augmentée. Le nombre des fleurs richement colorées qui ne sont pas nectarifères, ou qui sont très-peu visitées par les insectes, est considérable. Il suffit d'observer les insectes dans un jardin ou dans une prairie alpine pour s'en convaincre. A ce sujet, le traducteur de M. Darwin, M. Edouard Heckel, est obligé de convenir que ses observations contredisent cette loi sur le rôle des couleurs (1).

Quelques-unes des fleurs de la liste précédente ont un nectar si peu sucré (*Fritillaria*) ou si peu abondant (*Rosa*), qu'elles ne sont pas visitées par les insectes, malgré la présence de nectaires et les couleurs de leurs pétales.

On a objecté aussi au rôle de la couleur que dans les hautes latitudes et à des altitudes élevées, les parties colorées des fleurs sont beaucoup plus riches en pigments, tandis que les insectes sont plus rares (2). Cette objection serait au contraire une preuve en faveur de la théorie d'après MM. Nægeli (3) et

(1) Darwin, *Fécondat. croisée* (*loc. cit.*, p. 389 et 391, notes de M. Heckel).
(2) Voy. Meehan, *loc. cit.*
(3) *Entstehung und Begriff.* (*loc. cit.*, p. 22).

Grisebach (1). Ces auteurs supposent que les plantes alpines ou hyperboréennes ont développé leurs couleurs pour être aperçues plus facilement des insectes peu nombreux. Mais cette transformation dans l'intensité des coloris se produit dès la première année sur une plante semée sous les hautes latitudes (2), et l'on ne saurait admettre une adaptation instantanée. J'ai fait voir avec M. Flahault qu'on peut beaucoup plus rationnellement rapprocher ces modifications observées de la quantité de lumière inégale reçue par les plantes pendant la belle saison, aux diverses altitudes et latitudes (3).

D'autres auteurs, qui admettent aussi la théorie moderne sur le rôle des nectaires, émettent, à propos des régions où les insectes sont très-rares, une hypothèse exactement inverse de celle de MM. Nægeli et Grisebach, pour expliquer au contraire l'absence de coloris chez les fleurs dans certaines contrées peu élevées et de basse latitude. Ils sont ainsi conduits à la contradiction la plus absolue (4).

Arrivons à la règle énoncée par M. H. Müller. Cet auteur prétend que « sans exception », chez les plantes voisines, la visibilité de la fleur est proportionnelle à la visite des insectes et au développement des dispositions florales en vue de la fécondation croisée.

Les observations suivantes suffiront, je pense, pour en démontrer l'inexactitude.

Teucrium. — Le *Teucrium Scorodonia*, à fleurs blanc verdâtre,

(1) Grisebach, *la Végétation du globe*, trad. franç., 1875, t. I, p. 60.

(2) Voy. F. C. Schübeler, *Die Pflanzenwelt Norwegens*. Kristiania, 1875.

(3) G. Bonnier et Ch. Flahault, *Observations sur les modifications des végétaux* (*Ann. sc. nat.*, 6e série, 1879, t. VII, p. 85).

(4) « Une région où les Mouches, les Abeilles, les Papillons, les Colibris, font » défaut ne peut avoir qu'une flore triste et monotone, privée de senteurs et de » teintes vives. Tel est le cas, par exemple, de la terre de Kerguelen. » (Errera et Gevaert, *Bull. Soc. roy. bot. belg.*, 1879, t. XVII, p. 173). On voit que cette assertion exprime absolument le contraire des faits observés dans les hautes altitudes et latitudes. Les auteurs ajoutent après la phrase précédente : « Tout » cela n'est point hypothèse ; ce sont des faits. C'est de la science véritable et » du meilleur aloi. » (*Loc. cit.*, p. 173).

est beaucoup plus visité par les insectes que le *Teucrium Chamædrys*, à fleurs rouges très-visibles.

J'ai voulu m'en assurer par une observation précise. Deux carrés des deux espèces, également fleuris, placés à côté l'un de l'autre, ont été examinés comparativement au mois d'août. Le nombre des Abeilles visitant les fleurs de l'un et de l'autre carré a été noté au même moment. Citons une observation :

HEURE de l'observation.	TEUCRIUM SCORODONIA (fl. blanc verdâtre) peu visibles.	TEUCRIUM CHAMÆDRYS (fleurs rouges) visibles.
2 h.	4 Abeilles.	1 Abeille.
3 h.	6 —	2 —
4 h.	3 —	0 —

En moyenne, j'ai trouvé sur le *T. Scorodonia* plus de quatre fois le nombre d'Abeilles visitant au même moment le *T. Chamædrys*. Dans les mêmes conditions, les fleurs de même âge m'ont, en outre, toujours fourni un volume de nectar plus grand sur le premier que sur le second.

Allium. — J'ai observé de la même manière, au Jardin botanique de Kiel, quatre *Allium* présentant une surface fleurie à peu près égale. J'ai obtenu les résultats suivants :

ORDRE DE VISIBILITÉ.	MOYENNE DU NOMBRE D'ABEILLES compté dans une observation.
1. Allium angulosum................	6 Abeilles.
2. — nutans....................	4 —
3. — acutangulum..............	5 —
4. — carinatum................	15 —

On voit qu'il n'y a pas de rapport entre la visibilité et la fréquente visite des insectes.

Ribes. — J'ai opéré de même avec les *Ribes Grossularia*, *R. nigrum*, *R. rubrum*, placés parallèlement à une ligne de ruches. Ils ont été observés comparativement pendant quatre jours consécutifs (20-24 avril, Louye). Le nombre des visites des Abeilles, des *Bombus hortorum* et *B. terrestris* a été compté trois fois par jour. Ces nombres ne correspondent pas à la visibilité ; ils sont en relation avec la quantité de nectar produite.

Orchidées. — Toutes les Orchidées indigènes examinées par M. Darwin dans son ouvrage se répartissent de la manière suivante au point de vue qui nous occupe.

ORCHIDÉES.	Sans nectar.	Nectarifères.
Fleurs vivement colorées, très-visibles......	11	5
Fleurs peu colorées, peu visibles..........	2	5
Fleurs obscures, vertes ou brunes (très-peu visibles).........................	0	4

On voit que ces résultats, donnés par M. Darwin lui-même, sont en complet désaccord avec l'idée qu'il adopte.

Résédacées. — Les *Reseda odorata* et *R. Luteola* ont été observés comparativement avec le *Polanisia graveolens*, dont les fleurs sont beaucoup plus visibles. Les Hyménoptères abondaient sur les deux premières espèces ; je n'ai pas pu trouver un insecte sur les fleurs de la troisième (Kiel).

Pour voir si la couleur joue un certain rôle quand les autres conditions sont tout à fait les mêmes, comparons maintenant des variétés de la même espèce qui ne diffèrent que par la teinte des pétales. A ce sujet, je citerai les observations suivantes :

Althæa rosea (à fleurs simples). — Trois pieds rouges, trois pieds blancs, trois pieds rose pâle, ont été examinés comparativement, les 15, 16, 17, 18 juillet. Quinze fleurs de chaque couleur ont été marquées. Ces fleurs étaient en moyenne de même âge à peu près sur chacun des pieds.

Les insectes visiteurs étaient surtout les *Apis mellifica*, *A. ligustica*, *Bombus terrestris*, *B. hortorum*. Je n'ai pas tenu compte de la visite relativement peu fréquente des autres insectes.

ALTHÆA ROSEA.	MOYENNE DU NOMBRE D'HYMÉNOPTÈRES visitant 15 fleurs.			
	A. mellifica.	A. ligustica.	B. terrestris.	B. hortorum.
Fleurs rouges.........	6,0	8,0	1,0	3,0
Fleurs blanches........	5,5	7,5	1,5	2,0
Fleurs rose pâle.......	5,0	8,0	2,0	2,5

On voit qu'il n'y a aucune relation à établir, et que les

Hyménoptères ont visité indifféremment ces plantes, quelle que soit la couleur.

Digitalis purpurea, Epilobium spicatum. — J'ai obtenu les mêmes résultats en opérant comparativement sur les variétés rouges et blanches des deux espèces, dont les fleurs de même âge contenaient en moyenne le même volume de nectar.

Centaurea Cyanus. — J'ai rencontré dans un champ de Blé, à Aunay (Eure), la variété blanche de cette espèce répandue au milieu d'individus à fleurs bleues. J'ai trouvé en moyenne le même nombre d'Abeilles visitant les fleurs des deux couleurs; cependant, au milieu du Blé mûr, les fleurs bleues étaient certainement plus visibles que les fleurs blanches.

Brassica oleracea. — J'ai vu un grand nombre de fois les Hyménoptères visiter indifféremment les *Brassica oleracea* à fleurs jaunes et à fleurs blanches. J'ai pu suivre la *même Abeille* et je l'ai vue passer indifféremment d'un individu à fleurs jaunes à un individu à fleurs blanches, et réciproquement (1).

Une des raisons alléguées pour attribuer un rôle attractif à la couleur des pétales, est que les Abeilles vont sur certaines fleurs non nectarifères, non-seulement pour y prendre le pollen, « mais cherchent au fond de la fleur avec leur trompe dans » l'*espoir d'y trouver du miel* (2) ». M. Hermann Müller insiste sur la visite fréquente des Abeilles aux fleurs d'*Ulex* et de *Sarothamnus*, où elles cherchent ainsi indéfiniment un nectar qui n'existe pas. M. Lubbock cite le *Genista tinctoria* (3).

J'ai eu l'occasion de voir ces fleurs abondamment visitées par les Abeilles dans l'Eure. Si M. Müller avait employé un autre procédé qu'un simple examen superficiel, il aurait vu que ce prétendu « espoir de miel » est réalisé pour les insectes. Chez l'*Ulex*, la partie externe du tube des étamines renferme, comme chez le *Cytisus*, un tissu riche en sucres, quoique moins

(1) M. Darwin a fait lui-même des remarques analogues (voy. *Fécondat. croisée*, p. 426). Voyez aussi les curieuses observations du docteur Ogle sur ce sujet (*Popul. Science Review*, plusieurs articles).

(2) Voy. H. Müller, *loc. cit.*, p. 240, 243.

(3) Lubbock, *loc. cit.*, p. 20.

différencié anatomiquement. Chez le *Sarothamnus*, les mêmes parties et aussi le calice sont abondamment pourvus de matières sucrées. Au microscope, à un faible grossissement, par un temps de miellée, on voit la surface de ces organes couverte de fines gouttelettes de nectar. En quelques cas, j'en ai vu même de très-grosses, visibles à l'œil nu. Ce nectar recueilli dans le jabot des Abeilles au moment où elles visitent ces Genêts s'est montré, par l'analyse, relativement très-riche en saccharose et glucose ; il contient beaucoup moins d'eau que la plupart des nectars. C'est là ce qui explique l'avidité des insectes à sa récolte, beaucoup mieux qu'un espoir perpétuellement déçu. La raison alléguée en faveur du rôle de la couleur n'a donc aucune valeur ; elle repose sur des faits mal observés (1).

Expériences relatives au rôle de la couleur. — M. Lubbock (2) a cherché à démontrer par l'expérience le rôle attractif des organes colorés. Par la manière dont il a opéré, on ne peut conclure qu'une chose de ses observations : c'est que les Abeilles peuvent s'habituer à reconnaître une teinte donnée (3). Mais elles s'habituent aussi bien à une couleur peu visible qu'à une couleur brillante ; dès lors elles pourront tout autant prendre l'habitude de visiter les fleurs vertes que les fleurs colorées d'une manière éclatante. Ce n'est pas là ce qui est en rapport avec la question qui nous occupe. Il s'agit de savoir si les couleurs brillantes *attirent* les insectes de préférence aux couleurs peu visibles, toutes les autres conditions étant égales, d'ailleurs.

(1) M. Delpino a fait un classement de la visibilité des couleurs : 1° sur un fond vert de pré ; 2° sur un fond jaune de blé. Ce classement n'est pas donné comme reposant sur des expériences ou sur des considérations physiques. Le jaune des *Ranunculus* est placé en tête, par exemple, et ces fleurs sont relativement peu fréquentées, etc. (*Ulter. Osserv.*, p. 26 et 27.)

(2) Lubbock, *loc. cit.*, et *Journal of the Linnæan Society* : *Obs. on Bees and Wasps* (XII, p. 128.)

(3) Cela était déjà connu des apiculteurs américains, qui peignent quelquefois leurs ruches de différentes teintes pour que les Abeilles de chaque colonie s'habituent à la couleur de leur demeure et puissent ainsi la reconnaître.

Pour trancher définitivement la question, j'ai cru nécessaire de faire des expériences sur ce sujet. Voici de quelle manière j'ai opéré :

Des rectangles de même dimension (22 cent. sur 12 cent.), d'étoffe de même nature, tendus sur des cadres de bois, ont été placés à 2 mètres de distance l'un de l'autre sur une ligne parallèle à la ligne des ruches, et à une distance de 20 mètres de cette dernière. Ces rectangles étaient de différentes couleurs. Ils étaient placés sur une prairie qui formait un fond vert uniforme ; sur ce fond, le rectangle vert tranchait à peine. Une couche de miel de même poids a été étendue uniformément sur chacun de ces rectangles. A partir du moment où ils ont été placés, le nombre des Abeilles sur chaque rectangle a été compté toutes les minutes par les observateurs (1). Je citerai une de ces expériences :

Minutes.	NOMBRE D'ABEILLES.			
	Rouge.	Vert.	Jaune.	Blanc.
1	1	1	0	0
2	4	5	9	2
3	6	5	7	1
4	9	11	13	11
5	26	27	28	22
6	35	35	40	25
7	58	54	52	42
8	68	76	65	55
9	77	82	**78**	70
10	**90**	**93**	66	75
11	62	82	57	**85**
12	60	72	34	70
13	57	66	31	65
14	32	50	25	40
15	20	35	18	32
16	5	17	10	20
17	4	10	7	18
18	3	9	6	10
19	3	8	3	4
20	1	2	0	2
21	0	0	0	0

(1) En ce cas, comme toutes les fois qu'un seul observateur était insuffisant, M. de Layens a bien voulu m'aider dans mes observations.

Sur chaque rectangle, le nombre des Abeilles va d'abord en augmentant, puis il diminue à mesure que le miel est consommé. On voit que le *maximum* s'est trouvé sensiblement atteint en même temps pour les quatre couleurs. Le rectangle vert sur fond vert n'a pas moins attiré les Abeilles que le rectangle rouge sur fond vert. Ces expériences m'ont donné en moyenne le même résultat, quelle que soit la couleur.

En disposant au contraire les rectangles à des distances inégales du rucher, sur une ligne perpendiculaire à la ligne de ruches, les rectangles les plus voisins sont d'abord visités. Le nombre relatif des Abeilles attirées dans le même temps ne varie pas avec l'ordre dans lequel on place les différentes couleurs.

M. Nægeli avait attiré les Abeilles avec des fleurs colorées artificielles dans lesquelles il avait mis du miel odorant. Après la disparition du miel, les Abeilles qui étaient venues le prendre cessèrent leur visite. Ceci prouve que si l'observateur avait mis ses fleurs artificielles colorées sans miel, les Abeilles ne seraient pas venues, et que s'il avait mis le miel sans couleurs attractives, elles seraient venues le prendre. C'est ce qu'il est facile de vérifier. Il n'y a donc là qu'un argument contre le rôle de la couleur.

Quant à l'assertion de M. H. Müller, qui admet que dans les fleurs disposées pour l'autofécondation les couleurs sont peu visibles, tandis que les espèces adaptées à la fécondation croisée ont des corolles richement colorées, il suffit, pour lui répondre, de considérer les résultats expérimentaux de M. Darwin. Dans la liste qu'il donne des plantes autostériles (1), c'est-à-dire disposées pour la fécondation croisée, on trouve les *Reseda odorata* et *lutea*, et le plus grand nombre des Orchidées à fleurs obscures. Au contraire, dans sa liste de plantes autofertiles, c'est-à-dire adaptées à l'autofécondation, on trouve 61 espèces sur 63 où la corolle est riche en pigments

(1) Darwin, *Fécondat. croisée*, p. 363 et suiv.

colorés. La loi énoncée par M. H. Müller est donc complètement contredite par les expériences de M. Darwin. Je citerai plus loin d'autres objections à cette loi.

Ainsi, comme résultat général des observations et des expériences qui précèdent, nous pouvons conclure que :

Le développement des couleurs chez les organes floraux et celui du nectar ne sont pas concordants.

Dans les mêmes conditions, les fleurs les plus colorées ne sont pas les plus visitées par les insectes.

La visibilité des fleurs n'est pas proportionnelle à leur adaptation pour la fécondation croisée.

Les insectes vont en plus grand nombre là où le nectar est le plus abondant, le plus riche en sucres et le plus commode à prendre. Je reviendrai plus loin sur ce point.

Expériences relatives à la loi de Sprengel sur les plantes diclines nectarifères. — Sprengel a dit que chez les plantes diclines nectarifères les fleurs mâles sont plus visibles que les fleurs femelles, et que, par suite, les insectes vont d'abord sur les fleurs mâles, ensuite sur les fleurs femelles. M. Hermann Müller a repris cet énoncé. Il cite comme exemples à l'appui (mais sans expériences) les *Salix*, *Asparagus officinalis* (monoïque), *Ribes alpinum*, *Bryonia dioica*.

J'ai étudié expérimentalement ce qui se passe dans ces quatre cas. Je citerai d'abord l'expérience relative aux *Salix*.

Deux grandes branches de *Salix aurita* ont été coupées. Tous les chatons passés ou non encore bien développés ont été enlevés, de façon à ne laisser sur chaque branche que 150 chatons en fleur, à nectaires bien formés. Les deux branches ont été ensuite plantées verticalement à la même distance d'une ligne de ruches. Sur un chaton mâle, les étamines étaient ouvertes, et les nectaires étaient développés chez 200 fleurs en moyenne. Sur un chaton femelle, les papilles stigmatiques et les nectaires étaient développés chez 160 fleurs en moyenne. Le nombre des Abeilles sur chaque branche de 150 chatons a été observé tous les quarts d'heure. A chaque observation, les Abeilles étaient comptées quatre fois alternativement. Voici les résultats obtenus dans une expérience :

HEURE de l'observation.	SALIX AURITA.	
	BRANCHES MALES Nombre d'Abeilles.	BRANCHES FEMELLES Nombre d'Abeilles.
10 h. 35 m.	11	10
10 50	20	22
11 05	12	12
11 20	2	3
11 35	7	6
11 50	17	13
12 05	7	6
»	»	»
1 30	0	0
Moyenne.....	9,50	9,00

Les Abeilles n'ont pas été d'abord sur le mâle, ensuite sur la femelle; on voit qu'elles sont allées en même temps sur les deux, et en outre en quantité à peu près égale. Il n'y a qu'une très-petite différence en faveur de la branche mâle; mais les chatons mâles contiennent plus de fleurs, comme on vient de le voir, et les Abeilles y récoltent en outre le pollen.

J'ai obtenu des résultats analogues en opérant de la même manière avec les fleurs dioïques du *Ribes alpinum* et les fleurs monoïques de l'*Asparagus*.

Le 28 juin, j'ai observé toutes les heures, de 6 heures du matin à 6 heures du soir, deux surfaces égales de *Bryonia dioica*, l'une à 150 fleurs mâles, l'autre à 150 fleurs femelles. La plante était située à 90 mètres du rucher. Ici le nombre moyen des Abeilles observé sur les fleurs mâles était un peu plus grand que celui observé sur les fleurs femelles (5 contre 4,6) ; mais les premières fleurs sont sensiblement plus nectarifères que les secondes, comme j'ai pu le constater en mesurant avec une pipette le nectar émis par les fleurs dans les deux cas ; en outre, je n'ai pas vu les Abeilles aller d'abord sur les fleurs mâles et ensuite sur les femelles. La moitié environ des premières Abeilles que j'ai observées le matin, à leur arrivée, allait d'abord sur les fleurs femelles.

Il résulte de ces expériences que :

Chez les fleurs diclines nectarifères, les Abeilles ne vont pas d'abord sur les fleirs mâles, puis ensuite sur les fleurs femelles, et que la plus grande visibilité des fleurs mâles est indifférente.

Dans ces fleurs, à périanthe peu visible, les fleurs mâles sont naturellement plus colorées, parce qu'elles contiennent les étamines, dont le pollen est très-visible.

2° *Taches et stries colorées.* — Un grand nombre de fleurs à taches ou à stries très-développées ne sont pas nectarifères ou ne sont pas visitées par les insectes (plusieurs *Clematis* et *Anemone*, beaucoup de Papavéracées, quelques *Dianthus*, *Agrostemma*, *Ononis*, *Rosa*, *Gentiana*, *Melittis*, *Cyclamen*, un très-grand nombre d'Orchidées, *Tulipa*, *Fritillaria*, *Lilium*, *Crocus*, etc.). M. Darwin, après avoir invoqué contre ces faits l'argument des « ancêtres », ajoute le suivant en faveur du rôle des stries : « Les marques sont beaucoup plus fréquentes dans » les fleurs asymétriques, *dont l'entrée pourrait embarrasser les » insectes*, que dans les fleurs régulières (1). » Il m'a été impossible de vérifier cette proposition ; car il y a un grand nombre de fleurs régulières qui ont des stries ou des taches (beaucoup de Monocotylédonées ; Géraniées, Oxalidées, Linées, Malvacées, Caryophyllées, Renonculacées, Convolvulacées, Polémoniacées, etc.) ; en outre, l'embarras supposé qu'éprouveraient les insectes à l'aspect d'une fleur symétrique par rapport à un plan, est difficile à concevoir.

(1) Darwin, *Fecondat. croisee*, p. 380.

Expériences relatives au rôle des taches ou des stries. — M. Lubbock, en déplaçant légèrement la gouttelette de nectar à la base d'un pétale strié, a trouvé que l'Abeille visiteuse mettait alors plus de temps à pomper le nectar. Il voit dans ce fait la preuve que les stries servent à guider les insectes vers les nectaires. C'est là le simple effet que produit le dérangement d'une habitude prise chez l'insecte.

En effet, M. Lubbock a oublié de faire des expériences comparatives. Or, si l'on déplace un peu la gouttelette de nectar à la base d'un pétale quelconque, sans strie ni tache d'aucune sorte, on peut faire la même remarque que celle faite par l'auteur anglais sur les fleurs striées. Bien plus, si l'on met un certain poids de miel contenu dans une soucoupe sur une feuille de papier, à 20 mètres des ruches, on peut faire les remarques suivantes. Au bout de quelque temps les insectes y viendront, et, si l'on renouvelle le miel au même endroit, il s'établira un va-et-vient d'Abeilles. Lorsque ce courant d'insectes visiteurs est bien établi, si l'on déplace un peu la soucoupe sur la feuille de papier, les Abeilles qui avaient pris l'habitude d'aller à la première position s'y dirigeront d'abord, puis retourneront vers la nouvelle place. En somme, elles mettront plus de temps à récolter le miel, jusqu'à ce qu'une nouvelle habitude soit prise; alors les choses se passeront comme au début.

Nous pouvons donc conclure, en retournant la phrase de M. Darwin, citée page 24:

Le développement des taches et des stries sur la corolle n'est pas corrélatif de celui du nectar.

3° *Grandeur de la corolle.* — C'est surtout sur la considération des différentes espèces du genre *Geranium* qu'a été établi ce rôle attractif des grandes dimensions de la corolle. M. H Müller a étudié en détail six espèces de *Geranium* (1). M. Lubbock figure les grandeurs relatives des corolles de quatre d'entre elles ; il donne en outre un tableau résumé qui indique

(1) Hermann Müller, *loc. cit.*, p 160-165.

que la visite des insectes et la disposition des fleurs pour la fécondation croisée sont rigoureusement en rapport avec la grandeur des corolles (1), dans l'ordre suivant :

Geranium pratense.
Geranium pyrenaicum.
Geranium molle.
Geranium pusillum.

Dans cette comparaison, le Géranium indigène, qui a les fleurs les plus grandes, est omis à dessein : c'est le *G. sanguineum*. Il n'est pas question non plus du Géranium alpin, qui a les fleurs les plus obscures, le *G. phæum*. Or, d'après mes observations, le premier est à peine visité par les insectes ; le second est celui que les Abeilles visitent le plus dans les Alpes. M. H. Müller, qui a constaté aussi que le *G. sanguineum*, à très-grandes fleurs visibles, est très-peu visité, allègue comme raison de ce fait, qu'il se trouve dans les bois, en des localités obscures. Mais dans les forêts de Sapins à Villard-Reculas (Oisans, 1871), j'ai constaté que le *G. phæum*, à fleurs obscures et dans des localités obscures, était le plus visité.

Les *Geranium Robertianum*, *G. columbinum*, *G. dissectum*, ne sont pas compris non plus dans la comparaison qui précède ; ils ont les fleurs plus grandes et plus visibles que les *G. molle* et *G. pusillum* ; j'ai observé qu'ils sont beaucoup moins visités par les insectes (Louye, 1878). Sur le *G. pusillum*, où M. H. Müller n'a jamais observé qu'un seul petit insecte diptère, j'ai noté plusieurs Hyménoptères (*Andrena dorsata*, deux *Halictus*), et je l'ai vu assez visité par l'Abeille dans l'Eure, pendant l'été de 1877. Pour les Géraniums alpins observés aux environs d'Huez (Isère), je n'ai pas trouvé non plus de relation entre la grandeur de la corolle et la visite des insectes.

Ainsi, le genre sur lequel on a le plus insisté pour établir cette relation, ne donne sur ce point aucun résultat ; à moins d'éliminer les espèces qui ne suivent pas la loi supposée, pour ne garder que celles qui y obéissent.

(1) Lubbock, *loc. cit.*, p. 43-44.

Les exemples qui sont en désaccord avec ce rôle supposé des grandes dimensions chez la corolle ne manquent pas. Presque toutes les plantes de la liste citée page 41, sont à fleurs relativement grandes et elles sont en général non visitées ou non nectarifères. Il y a au contraire un grand nombre de fleurs très-petites, abondamment nectarifères, activement fréquentées par les insectes (Vacciniées, *Ervum*, *Mentha*, et la plupart des plantes de la liste donnée page 39).

Les petites fleurs du *Thymus Serpyllum* sont avidement recherchées par les insectes, leurs nectaires sont très-développés; tandis que celles du *Melittis*, à grande corolle, ne le sont pas et n'ont pas de nectaires.

J'ai observé, aux environs de Paris, beaucoup plus fréquemment les insectes sur le *Medicago Lupulina*, à toutes petites fleurs, que sur le *M. falcata;* sur les *Phyteuma* que sur les *Campanula*. Je les ai observés plus fréquemment dans les Alpes, sur le *Trifolium arvense* que sur les *T. aureum*, *T. procumbens*, *T. rubens* (1), dont les corolles sont plus grandes et plus visibles; sur les *Sisymbrium austriacum* et *S. Sophia* que sur les *Sinapis*, dont les fleurs sont relativement grandes; sur le *Gypsophila muralis* que sur les *Agrostemma Githago* et *Dianthus monspessulanus*, etc.

M. H. Müller admet que le *Convolvulus arvensis* est beaucoup plus visité par les insectes que le *C. sepium* à grandes fleurs. Il suppose que cela tient à une différence dans l'intensité du parfum en sens inverse; je n'ai pu apprécier cette différence. On peut du reste, en feuilletant son vaste ouvrage, rencontrer souvent des exemples cités par lui qui contredisent sa conclusion, comme pour les *Trifolium* par exemple.

L'auteur allemand cite les Mauves comme vérifiant la loi. S'il est vrai que le *Malva silvestris* est plus visité par les insectes que le *M. rotundifolia*, j'ai observé en revanche que cette dernière espèce est plus visitée que le *M. moschata*, dont les fleurs sont notablement plus grandes.

(1) Et aussi d'après H. Müller, *loc. cit.*, p. 224.

Il résulte de ce qui précède que :

Le développement des grandes dimensions de la corolle ne correspond pas à celui du nectar ; il est indépendant de la fréquente visite des insectes.

4° *Odeur.* — Il est certainement prouvé que les insectes, et en particulier les Lépidoptères et les Hyménoptères, ressentent l'impression des odeurs avec une très-grande sensibilité. Les observations de Huber sur ce sujet (1), la pratique des apiculteurs qui attirent les essaims des ruches avec de l'acide formique, en sont la preuve. D'autre part, beaucoup de plantes sont parfumées (2). Mais cela ne prouve pas que tous les parfums des plantes se sont développés en vue d'attirer les insectes.

On sait qu'on ne voit, pour ainsi dire, aucun insecte attiré par un grand nombre de fleurs parfumées des jardins (Lis, Roses, Œillets doubles, Jacinthes, un grand nombre d'Orchidées odorantes et sans nectar).

J'ai observé comparativement à ce sujet le *Cratægus oxyacantha* et le *Prunus spinosa*. Les conditions de visibilité sont à peu près les mêmes chez ces deux espèces. La première est beaucoup plus odorante que la seconde. J'ai trouvé que le *Cratægus oxyacantha* était peu visité comparativement au *Prunus*. En particulier, j'ai rarement vu les Abeilles sur le premier, je les ai rencontrées en abondance sur le second (Louye). Les Labiées non visitées et non mellifères, comme le *Melittis* n'en sont pas moins très-odorantes.

Un grand nombre d'espèces des genres suivants sont odorantes et non nectarifères ou peu visitées par les insectes :

Tulipa.	Achillea.	Chamomilla.
Cyclamen.	Tanacetum (3).	Rosa.
Artemisia.	Chrysanthemum.	Loroglossum.
Clematis.	Lilium.	Orchis.
Nuphar.	Hyacinthus.	Dianthus, etc.
Galium.		

(1) Huber, *Nouvelles Obs. sur les Abeilles*. Genève, 1792.

(2) M. Delpino a classé les plantes par leurs parfums (*Ulter. Osserv.* p. 41).

(3) Aux environs de Paris, mais non dans le nord de l'Europe, où le *Tanacetum vulgare* est au contraire très-visité.

Toutes ces plantes sont à fleurs très-visibles, et l'on ne peut pas objecter qu'elles ne sont pas aperçues.

On peut citer au contraire un grand nombre d'espèces très-mellifères et très-visitées, qui n'ont pas de parfum bien prononcé, appartenant aux genres :

Delphinium.	Sinapis.	Malva.
Aquilegia.	Arabis.	Rubus.
Caltha.	Isatis.	Carduus.
Nigella.	Onobrychis.	Cirsium.
Raphanus.	Vicia.	Lappa.
Solidago.	Taraxacum.	Crepis.
Centaurea.	Echium.	Anchusa, etc. (1).

Les diverses odeurs sont au nombre des propriétés physiques des diverses essences rejetées par les végétaux ; il n'y a pas lieu d'en trouver l'explication nécessaire dans la visite des insectes. En poursuivant cette voie, en voulant attribuer un rôle défini à chaque propriété des corps : couleur, odeur, etc., sans faits à l'appui, on se trouverait ramené à des considérations hypothétiques sur les causes finales et bien éloigné de la méthode scientifique actuelle.

Ce qui paraît certain, c'est que les Hyménoptères, par exemple, peuvent reconnaître à son odeur le nectar propre dont ils ont besoin. Chez presque toutes les plantes nectarifères, au moment d'une forte miellée, on perçoit très-bien cette odeur des nectars, que les apiculteurs appellent « l'odeur de miel » (2) ; elle est le plus souvent très-distincte du parfum des huiles essentielles émises par la même plante. On peut la reconnaître sur le *Thymus Serpyllum* et sur beaucoup de Labiées, d'Ombellifères, dont les feuilles émettent une tout autre odeur.

Cette odeur du nectar peut guider les Abeilles vers sa recherche, mais non les parfums quelconques des plantes, qui dans bien des cas les conduiraient à des fleurs sans production sucrée extérieure. Ainsi :

(1) On peut y ajouter la plupart des plantes à fleurs obscures citées page 39.

(2) M. Delpino ne cite cette odeur de miel que pour huit espèces. On la remarque, les jours de forte miellée, sur presque toutes les plantes très-nectarifères.

Le développement des parfums chez les végétaux et celui du nectar ne sont pas concordants.

— On le voit, les fleurs qui sont les plus colorées, les plus grandes, les plus odorantes ne sont pour cela ni les plus mellifères, ni les plus visitées.

On peut conclure des expériences citées plus haut sur les *Teucrium*, *Ribes*, Résédacées, *Salix*. *Bryonia*, etc., que les insectes vont le plus là où la matière sucrée est la plus abondante. C'est la matière sucrée qui les attire, indépendamment de toutes les adaptations florales; ils savent la trouver dans les fleurs les plus obscures et les moins parfumées.

Une expérience bien simple fait voir combien ces rôles supposés sont illusoires. Si l'on met une soucoupe pleine de sirop de sucre, sans odeur particulièrement spéciale, dans une chambre complétement fermée, non loin d'un rucher, pour peu qu'une fente soit assez peu étroite pour laisser passer une Abeille, on verra au bout de peu de temps la soucoupe envahie et le sucre transporté dans les ruches. De même, les Abeilles peuvent abandonner des fleurs colorées odorantes et mellifères pour aller sur du sirop de sucre non coloré et non odorant, placé à côté. On sait, du reste, qu'on prend les Guêpes avec des bouteilles renfermant du sirop de sucre, et que les Abeilles vont en masse dans les raffineries.

Dans tous les cas observés, j'ai toujours vu les insectes aller prendre tout simplement la matière sucrée là où elle est la plus abondante, la plus riche en sucre et la plus facile à prendre (1).

§ 4. — Observations et expériences sur l'adaptation réciproque des insectes et des fleurs.

D'après la phrase de M. Sachs citée page 25, on pourrait croire qu'un insecte donné visite toujours une espèce de fleur

(1) J'ai trouvé avec étonnement une idée analogue exprimée dans les conclusions de l'ouvrage de M. H. Müller. Mais l'auteur n'insiste pas, sans quoi il annulerait la plupart des remarques qu'il a faites à la suite de ses nombreuses observations.

déterminée, qu'il la visite toujours de la même manière ; que tous les organes de la fleur, et en particulier les nectaires, sont calculés de façon que, par la position déterminée de l'insecte adapté, la fécondation croisée soit opérée. Or, il n'en est rien.

Je citerai d'abord les exemples de plantes où j'ai observé les fleurs visitées de différentes façons par un même insecte; je montrerai ensuite qu'on peut altérer profondément la forme de la fleur sans arrêter la visite des insectes; j'indiquerai enfin quelques-uns des cas très-nombreux où la visite d'insectes a lieu sans que la fécondation soit opérée. Puis j'examinerai les dispositions florales auxquelles on attribue le rôle d'écarter les insectes non adaptés ou de mettre obstacle à l'autofécondation.

1° *Une même fleur peut être visitée de plusieurs façons différentes par un même insecte.* — Je citerai à ce sujet les exemples suivants :

Brassica oleracea. — J'ai observé pendant plusieurs heures consécutives la manière dont les Abeilles et les Bourdons visitent les fleurs de cette espèce.

Les Abeilles éprouvent souvent une certaine difficulté à prendre le nectar de ces fleurs par l'intérieur, à cause des étamines qui les gênent; elles n'opèrent par l'intérieur que lorsque la fleur est assez ouverte et encore nectarifère.

J'ai observé *la même Abeille* qui visitait plusieurs fleurs successives de différents individus de trois façons différentes :

1° Par l'intérieur, en introduisant sa trompe entre les étamines et les pétales.

2° Par l'extérieur, en posant sa trompe entre l'intervalle de deux sépales.

3° De côté, en plaçant sa trompe entre un sépale et un pétale.

Par les deux dernières manières, elle n'opérait aucune fécondation.

J'ai observé de même le *Bombus terrestris* qui visitait successivement ces fleurs de plusieurs manières :

1° Par l'intérieur, peu souvent, surtout les fleurs de petite dimension.

2° Par l'extérieur, entre deux sépales.

3° En déchirant ou en perforant l'un des sépales gibbeux qui recueillent le nectar.

En général, il n'opère pas la fécondation (Louye).

Vicia sativa. — Le *Bombus hortorum* visite les fleurs de cette espèce.

1° Par l'intérieur, en introduisant sa tête dans l'ouverture florale.

2° En perçant des trous dans le calice en face du nectaire, comme le fait toujours le *B. terrestris* avec les fleurs de cette espèce.

Les Abeilles examinent les fleurs de *Vicia*. Si les Bourdons ont percé des trous au calice, elles visitent les fleurs de préférence aux nectaires des stipules, en profitant des trous perforés. Si les Bourdons n'ont pas percé les fleurs, elles retournent aux stipules prendre du nectar. D'aucune de ces manières elles n'opèrent la fécondation (Louye).

Cracca major. — Le *Bombus alpinus* visite les fleurs de cette espèce, soit par l'intérieur, soit par des trous percés dans le calice (Kongswold, Norvége).

Erysimum virgatum. — L'*Apis mellifica* visite les fleurs de cette espèce, soit directement, par l'ouverture de la fleur, soit par l'extérieur. Elle opère de cette dernière façon lorsque le nectar est abondant ; car il sort alors au dehors, entre les sépales, sous forme de quatre grosses gouttelettes, et il peut être pris très-rapidement par les insectes. En ce cas ils ne touchent pas aux organes sexuels de la plante (Huez, 1871-72).

Glechoma hederacea. — Le *Bombus terrestris* visite les fleurs tantôt directement, tantôt en déchirant en long la partie antérieure de la corolle (environs de Paris).

Impatiens glandulifera. — Par un temps très-nectarifère, les fleurs de cet *Impatiens* peuvent faire suinter vers l'extérieur, sur l'éperon courbé et étroit qui termine la courbure du sépale, une certaine quantité de liquide sucré. J'ai vu alors les Abeilles prendre quelquefois ce nectar par l'extérieur. Elles le prennent aussi le plus souvent par l'intérieur du sépale. Ainsi elles ont deux manières d'opérer (Kiel).

Orobus niger. — J'ai observé, au printemps, le *Bombus terrestris* sur cette plante. Tantôt il introduisait sa trompe par l'intérieur de la fleur ; le plus souvent il perforait le calice en face du nectaire, sans féconder (environs de Paris).

Coronilla Emerus. — Les *B. agrorum* et *B. terrestris* peuvent visiter ces fleurs de deux manières. Les Abeilles les visitent régulièrement par l'extérieur, sans toucher au stigmate ni aux étamines (Alpes du Dauphiné).

Nous verrons plus loin que l'insecte peut aussi avoir plusieurs manières d'opérer, suivant le niveau où s'élève le nectar dans la fleur.

2° *Altération de la fleur sans modification sensible dans la visite des insectes.* — Pour montrer que la forme de la corolle n'est pas nécessairement adaptée aux insectes visiteurs, je citerai d'abord les espèces suivantes. J'ai observé les Hyménoptères, et en particulier les Abeilles, qui visitaient les fleurs après la chute, de la corolle lorsqu'il y avait encore du nectar :

Heracleum Sphondylium, surtout visité par les Abeilles quand les pétales sont tombés : Huez, Lusinay (Isère).

Geranium phæum, visité par les Abeilles et les Bourdons après la chute des pétales (1) : Villard-Reculas (Oisans).

Digitalis purpurea. — Les deux ou trois premières fleurs dont la corolle est tombée sont plus visitées par les Abeilles que les fleurs supérieures encore munies de leur corolle (Louye).

Butomus umbellatus. — J'ai observé du nectar entre les carpelles, quand le fruit avait déjà atteint 1/5e de son développement. Les fleurs ainsi dépourvues de périanthe étaient visitées par les Abeilles (Copenhague).

Nigella damascena. — Fleurs dont les sépales colorés étaient tombés. Les Abeilles visitaient encore la plante, prenant du nectar encore contenu dans les pétales après la fécondation (Kiel).

Lamium Galeobdolon. — Les Abeilles, qui ne peuvent pas

(1) M. Darwin a fait cette même observation (voy. *Fécondat. croisée*, p. 431).

prendre le nectar de cette espèce à cause du tube trop long, le prennent parfois quand la corolle est tombée (Louye) (1).

Kurr a enlevé la corolle chez 32 espèces de plantes, sans observer de différence dans la quantité de graines produites (2).

M. Darwin cite à ce sujet des expériences contradictoires (3). On comprend en effet qu'on puisse arriver à un résultat opposé aux précédents, si l'on n'opère pas avec précaution. Il faut avoir soin :

1° De ne pas altérer les nectaires en arrachant la corolle, et de constater que la quantité de nectar produite n'a pas varié par suite de cette suppression.

2° D'observer après un certain temps écoulé, car nous avons vu que les Abeilles *s'habituent* aux fleurs ; à la suite d'un brusque changement, elles peuvent se trouver un instant déroutées avant d'avoir repris une nouvelle habitude.

M. Darwin ne dit pas exactement de quelle manière il a opéré dans les différents cas.

En prenant les deux précautions que je viens d'indiquer, je me suis assuré, par l'expérience, que les Abeilles continuent à visiter en même nombre les *Digitalis*, sur les pieds où toutes les corolles avaient été enlevées. J'ai fait la même observation sur les *Tropæolum;* certaines fleurs où l'éperon nectarifère du sépale avait seul été conservé ont continué à être visitées par les Bourdons (4).

Tous ces exemples font déjà voir que la structure florale n'est pas liée à la visite des insectes.

3° *Les insectes peuvent prendre sur la plante un liquide*

(1) Ces observations auraient pu être invoquées contre le rôle attractif attribué à la corolle colorée.

(2) Kurr, *Bedeutung der Nektar* (*loc. cit.*, p. 130).

(3) Voy. Darwin, *Fécondat. croisée*.

(4) Et aussi à être fructifiées, ainsi que l'a remarqué M. Van Tieghem, sur des Capucines dont il avait enlevé les sépales et les pétales, sauf l'éperon nectarifère. Il a fait la même observation sur le *Nicotiana Tabacum*, dont la partie de la corolle supérieure aux étamines avait été enlevée (mss.).

sucré sans opérer la fécondation, ni croisée, ni directe. — M. H. Müller, parmi ses patientes et nombreuses observations, a signalé souvent les cas où l'insecte opère l'autofécondation plutôt que la fécondation croisée, contrairement à l'intérêt supposé de la plante. M. Fritz Ludwig a insisté particulièrement sur cette circonstance fréquente.

Je citerai donc seulement ici les cas où les insectes visitent les plantes sans opérer *aucune* fécondation.

a. Matières sucrées des fleurs. — Dans le cas qui nous occupe, les auteurs de la théorie exposée plus haut disent que les insectes « volent » le nectar aux fleurs, puisqu'ils ne lui rendent en échange aucun service. Ces cas de vol du nectar sont très-fréquents.

Quelle que soit la forme spécialement combinée de la corolle, la position calculée des nectaires par rapport aux étamines et au stigmate, quelles que soient les stries dont la fleur est ornée, si les Bourdons éprouvent quelque difficulté ou une perte de temps en visitant les fleurs par l'intérieur, ils percent des trous en face des nectaires. Ils vont droit au sucre, sans faire aucune attention aux marques « qui sont disposées pour les guider vers les nectaires ». Les Bourdons opèrent ainsi sans toucher aux étamines ni au stigmate, et par conséquent sans opérer aucune fécondation. Bien plus, une fois les trous percés par les Bourdons, beaucoup d'autres insectes prennent alors le nectar de la fleur par les trous qu'ont percés les Bourdons. Lorsque la fleur a été percée ainsi dans le bouton, ce qui arrive assez fréquemment (Papilionacées, *Delphinium*, *Aconitum*, par exemple), son style et ses étamines peuvent alors n'être jamais touchés par aucun insecte.

Un grand nombre d'espèces des genres suivants ont leurs fleurs percées de cette manière par plusieurs espèces de *Bombus* :

Corolle perforée,	Calice perforé.
Antirrhinum.	Tropæolum.
Anarrhinum.	Helleborus.
Digitalis.	Silene.

Corolle perforée.	Calice perforé.
Linaria (1).	Aconitum.
Eruca.	Aquilegia.
Salvia.	Delphinium.
Stachys.	Phaseolus.
Lamium.	Vicia.
Monarda	Cracca.
Nepeta.	Lathyrus.
Penstemon.	Orobus.
Gerardia.	Wistaria.
Rhododendron.	Cytisus.
Erica.	Trifolium.
Rhinanthus.	Ribes.
Glechoma.	Brassica.
Corydallis.	Sinapis.
Fuchsia (1).	Dentaria.
Mirabilis. Etc.	Aubrietia. Etc. (2).

Les Abeilles elles-mêmes peuvent en quelques cas mordre les corolles avec leurs mandibules, soit pour abréger le temps employé, soit pour atteindre un nectar très-abondant dans des fleurs qui sont trop profondes pour leur trompe de 6 millimètres.

M. H. Müller cite les tubes de *Trifolium pratense* et les corolles d'*Erica Tetralix*, qu'il a vu mordre ainsi par les Abeilles. J'ai vu aussi les Abeilles déchirer de cette manière les boutons d'*Ulex europæus*, les éperons d'*Aquilegia*. Bien que les mandibules des Abeilles soient assez faibles, j'ai pu m'assurer par l'observation suivante qu'elles peuvent désorganiser des corps

(1) Les fleurs du *Linaria striata* peuvent être percées par des Hyménoptères autres que les Bourdons (Errera et Gevaert, *loc. cit.*).

(2) Percé aussi par le *Xylocopa*, d'après M. Ch. Flahault.

(3) Au sujet de la perforation des corolles, M. Darwin admet que les fleurs ne sont guère percées que lorsqu'elles sont en touffes compactes. Il en conclut que le résultat de cette coutume des Bourdons est l'obstacle à une trop grande réunion de plantes d'une même espèce ; il établit l'équilibre qui se produit entre les fleurs en touffes et le nombre des Bourdons (voy. *Fécondat. croisée*, p. 445). Mais j'ai vu très-souvent les fleurs les plus disséminées (*Lathyrus*, *Stachys Linaria*, etc.) toutes régulièrement perforées.

très-résistants. Des rayons de cire attachés avec des ficelles à un cadre de bois avaient été placés dans une ruche : au bout de quelques jours, les Abeilles avaient mordu les ficelles en tous sens et les avaient réduites à l'état de filasse ; elles furent alors rejetées au dehors par les Abeilles.

Les Hyménoptères peuvent aussi visiter les fleurs par l'extérieur, entre le calice et la corolle, ou entre deux sépales. On en a vu plus haut quelques exemples. On peut y ajouter la visite d'un assez grand nombre d'espèces appartenant aux genres *Coronilla*, *Brassica*, *Sisymbrium*, *Eruca*, *Trifolium*, *Impatiens*, etc.. Quelquefois l'insecte touche les étamines sans jamais toucher le style, et n'opère ainsi aucune fécondation [Abeilles sur les *Nigella damascena* et *N. aristata* (Kiel).]

Enfin, les insectes peuvent même visiter des fleurs à sexes séparés, sans opérer la fécondation croisée. C'est ainsi que les Abeilles vont souvent, en abondance, récolter le pollen sur les fleurs mâles du *Corylus Avellana ;* je n'en ai jamais observé sur les fleurs femelles.

b. Récolte du nectar produit en dehors des fleurs. — Beaucoup de nectaires extra-floraux émettent un liquide sucré. Ce nectar est recherché aussi par les insectes. M. Darwin ne l'appelle pas « un vrai nectar » (1). Mais on aura beau l'appeler faux nectar, il n'en contient pas moins les mêmes sucres que le nectar floral, il ne sert pas moins de nourriture aux insectes.

J'ai déjà dit que le nectar sécrété par les stipules des *Vicia* constitue une ressource importante pour les Abeilles. J'ai observé sur ces stipules les Hyménoptères suivants, qui recueillaient abondamment le nectar : *Apis mellifica*, très-abondamment ; *Polistes gallica, Sphecodes gibbus*, un peu moins ; plusieurs *Andrena*, plusieurs *Halictus*, et beaucoup plus rarement les *Bombus agrorum*, *B. pratorum*, *B. hortorum*, *B. terrestris.*

On peut aussi observer les Hyménoptères sur les stipules

(1) Darwin, *Fécondat. croisée*, p. 412.

de *Vicia Faba*, abondamment; sur celles du *Vicia sepium* et *V. lathyroides*, moins fréquemment.

J'ai observé, aux environs de Paris, les Abeilles visitant les nectaires extra-floraux des pétioles de *Prunus avium* et de *Prunus Mahaleb* (1). J'ai vu une fois le *Bombus terrestris* et très-souvent de nombreux Diptères sur les nectaires extra-floraux de jeunes feuilles du *Cratægus oxyacantha* (2). A Huez (Oisans), j'ai observé les Abeilles récoltant le nectar sur les pédoncules de l'*Eruca sativa*.

Enfin, la *miellée* (j'entends par là l'exsudation sucrée produite sur les feuilles sans l'action des Aphidiens) est aussi une grande ressource pour les Abeilles. Dans certains pays (Saône-et-Loire, par exemple), les apiculteurs transportent les ruches à la miellée, lorsque la saison est favorable à cette production sucrée des feuilles. Ce liquide sucré contient les mêmes sucres que le nectar. Je reviendrai plus loin sur cette question.

J'ai observé le phénomène de la miellée (sans Pucerons) sur les espèces suivantes :

Quercus sessiliflora.
Q. pedunculata.
Fraxinus excelsior.
Tilia europæa.
Tilia silvestris.
Sorbus aucuparia.
Berberis vulgaris.
Rubus fruticosus.
R. Idæus.
Populus Tremula.
Betula odorata.
Acer Pseudo-Platanus.
A. platanoides.
Corylus Avellana.

Les arbres étaient souvent complétement couverts d'insectes (3). Ils n'étaient attirés là ni par des couleurs éclatantes, ni par le parfum d'huiles essentielles; ils n'étaient

(1) M. Darwin cite aussi le *Prunus Laurocerasus*, dont les nectaires pétiolaires sont avidement visités par plusieurs espèces d'Hyménoptères (voy. *Fécond. croisée*, p. 434).

(2) M. H. Müller a observé aussi des Hyménoptères récoltant du nectar sur les jeunes feuilles de cette espèce (*loc. cit.*).

(3) J'ai observé, récoltant la miellée des feuilles, en France et en Norvége, les Hyménoptères suivants : *Bombus terrestris*, *B. hortorum*, *B. pratorum*, *B. agrorum*, *B. arcticus*, *B. alpinus*, *B. nivalis*, *B. consobrinus*, *Apis mellifica*, *Osmia rufa*, *O. nana*, *Andrena fulvicrus*, *A. dorsata*, *Halictus cylindricus*, *H. tricinctus*.

guidés ni par des stries, ni par des taches ; ils étaient attirés tout simplement, comme pour les nectaires floraux, par la matière sucrée dont ils se nourrissent.

Ainsi nous pouvons déduire de ce qui précède la conclusion suivante :

Les insectes peuvent, en beaucoup de cas, récolter les matières sucrées produites par les nectaires en dehors des fleurs ou même dans les fleurs, sans opérer la fécondation ni croisée ni directe.

Je dois cependant ajouter qu'on s'est proposé d'expliquer le rôle de ces nectaires extra-floraux dont l'existence venait contredire la théorie. On a voulu leur attribuer un but utile à la plante, tout en admettant qu'ils ont pour rôle d'attirer les insectes en leur fournissant une nourriture sucrée. M. Delpino (1) soutient que le pouvoir de sécréter un liquide sucré a été donné aux nectaires extra floraux pour attirer les Fourmis et les Guêpes, qui auraient pour mission de *défendre* la plante contre ses ennemis, contre les chenilles, par exemple.

M. Darwin a refusé d'abord d'admettre cette supposition de l'auteur italien (2), qui, du reste, ne s'appuie sur aucune preuve expérimentale. Cependant M. Darwin admet plus loin cette hypothèse, à propos de l'*Acacia sphærocephala* (3). Les Abeilles aussi visitent les nectaires extra-floraux de cette plante, d'après M. Belt (4) ; je ne vois pas en quoi elles peuvent lui servir de gardiens.

Au reste, il est inutile d'insister plus longtemps sur ce rôle supposé ; on ne peut discuter de semblables hypothèses faites sans observations, sans expériences, et dont l'imagination fait tous les frais. Les nectaires floraux et les nectaires extra-floraux sont constitués de même ; ils renferment les mêmes sucres et peuvent émettre un liquide sucré au dehors. On a donné

(1) Delpino, *loc. cit.*, et *Sull. nect. extr. nupz.*, et aussi *Revista Bot.*

(2) Darwin, *Fécondat. croisée*, p. 412.

(3) « Que dans quelques cas la sécrétion serve à attirer les insectes pour » défendre la plante et qu'elle ait été développée à un haut degré dans ce but » spécial, je n'ai pas lieu d'en douter le moindrement. » (Id., *loc. cit.*)

(4) Belt, *the Naturalist in Nicaragua*, 1874, p. 218.

une explication pour le rôle des premiers; on n'en a pas donné pour celui des seconds (1).

4° Les insectes visiteurs d'une même plante diffèrent suivant le volume de nectar que produisent ses fleurs.

Une circonstance remarquable vient fournir une nouvelle objection à l'idée d'une adaptation parfaite entre les fleurs et les insectes : c'est que les visiteurs peuvent être différents, suivant que le nectar produit est plus ou moins abondant.

J'ai observé, par exemple, les *Bombus terrestris*, qui visitaient, le 8 avril, les fleurs de *Pulmonaria officinalis*. Ils pouvaient prendre le nectar facilement avec leur trompe de 8 millimètres; quelquefois une Abeille essayait d'atteindre le liquide sucré avec sa trompe de 6 millimètres ; mais, comme elle n'y arrivait pas (2), elle renonçait assez vite à venir sur ces fleurs. Le 18 avril, comme des jours chauds et soleilleux avaient succédé à une longue suite de jours de pluie, le nectar devint très-abondant. Dans beaucoup de fleurs de *Pulmonaria*, le niveau du liquide s'était élevé de 3-4 millimètres au-dessus des nectaires. Dès lors l'Abeille pouvait atteindre la matière sucrée avec sa trompe; aussi les Pulmonaires furent-elles abondamment visitées par les Abeilles ce jour-là. La fleur adaptée au *Bombus* se trouvait visitée par un autre insecte.

J'ai fait la même observation, en été, sur les fleurs de *Lavandula vera*, dont le tube a 7-8 millimètres de profondeur. Les Abeilles visitent ces fleurs quand la distance du niveau du nectar à l'entrée de la fleur est plus petite que 6 millimètres.

D'autres plantes peuvent n'être pas du tout nectarifères dans certaines circonstances atmosphériques, et le devenir dans d'autres. Elles sont alors adaptées aux insectes ou non,

(1) Les Hyménoptères vont aussi sur les plantes chercher autre chose que la matière sucrée, en dehors des fleurs. Les Abeilles récoltent la propolis, les gouttelettes d'eau transpirées par les feuilles (*Alchimilla*, Graminées), une matière gommeuse non sucrée sur les feuilles du Chêne, au printemps, etc.

(2) M. H. Müller a vu aussi l'Abeille essayant d'atteindre un nectar trop profond (*Iris*, *Primula elatior*).

suivant les cas. C'est ce que j'ai observé pour le *Potentilla Fragaria*, l'*Anemone nemorosa*, le *Sambucus Ebulus*, le *Draba verna*, aux environs de Paris.

Bien plus, nous verrons plus loin que la production externe du nectar chez les fleurs de la même espèce varie avec l'altitude et la latitude. Certaines espèces non nectarifères aux environs de Paris (*Potentilla Tormentilla*, *Geum urbanum*, etc.) émettent abondamment un liquide sucré en Norvége ; elles y sont fréquemment visitées par les Hyménoptères, qui ne vont pas sur ces fleurs dans les plaines de France. Les *Campanula rotundifolia*, *Tanacetum vulgare*, peu mellifères et à peine visités aux environs de Paris, sont riches en nectar et fréquentés par les *Bombus*, *Apis*, etc., en Scandinavie. J'ai constaté, par des mesures volumétriques faites dans les mêmes conditions, que les mêmes espèces émettent un volume de nectar plus considérable par 62 degrés de latitude qu'à 49 degrés (voy. *Partie physiologique*).

De même l'*Isatis tinctoria* et le *Silene inflata*, par exemple, sont bien plus mellifères à 1500 mètres d'altitude qu'à 400 m. (Huez). Ils sont visités par les Abeilles avec activité dans les hautes localités et délaissés par elles dans la plaine.

Ainsi il ne saurait y avoir adaptation réciproque déterminée des formes entre l'insecte et la plante, puisque les espèces d'insectes qui visitent une même plante varient suivant les diverses localités et dans un même lieu, selon que la plante émet plus ou moins de liquide sucré, suivant qu'elle est nectarifère ou ne l'est pas. Une plante adaptée aux *Halictus* aux environs de Paris, par exemple, serait adaptée aux *Bombus* en Norvége, aux Abeilles dans les Alpes, etc. Partout l'insecte va chercher le sucre quand il peut le prendre, sans se soucier autrement des formes de la fleur (1).

(1) On a été jusqu'à dire que l'adaptation réciproque des insectes et des fleurs rendait leur coloration *identique ;* cette identité se serait développée par sélection sexuelle et par sélection naturelle (Errera et Gevaert, *loc. cit.*). Il est difficile de concevoir une loi plus directement contraire à tous les faits observés.

Il y a peu de formes moins adaptées entre elles que celles de presque toutes les fleurs et des insectes qui les visitent le plus : le *Medicago Lupulina* et l'*Apis mellifica*, le *Caltha palustris* et l'*Andrena*, etc.

On sait que les Hyménoptères sont très-souvent attachés par les pattes en visitant les fleurs des *Asclepias*. J'ai observé les Abeilles ne pouvant se dégager des fleurs de l'*A. Drummondi*. Un assez grand nombre d'entre elles étaient tombées mortes au pied de la plante. Le *Pronuba Yuccasella*, qui visite les fleurs des Yuccas, *mange* les ovules (1). Ce sont là, on en conviendra, de singulières adaptations réciproques.

Je me contenterai de citer les auteurs qui admettent une adaptation réciproque entre les fleurs et les Colibris (2), entre les fleurs et les Mollusques (3), entre les Protéacées d'Australie et la langue des Kanguroos (4). J'ajouterai seulement qu'un grand nombre de Colibris visitent les plantes pour prendre les insectes qui sont utiles à leurs fleurs (5), et que les Mollusques vont le plus souvent sur les organes floraux pour les dévorer (6).

5° *Observations sur l'éloignement des insectes non adaptés.* — D'après la phrase de M. Sachs citée page 25, on peut penser que souvent une espèce donnée de plantes n'est visitée que par une espèce donnée d'insecte. Je ne connais aucun exemple de ce fait. M. H. Müller a trop observé pour pouvoir admettre cette adaptation étroite, et son livre est d'un bout à l'autre, par les faits qui s'y trouvent exposés, une réfutation de cette idée. A chaque page on y trouve, pour une même espèce de plante, une liste très-nombreuse (7) de visiteurs appartenant

(1) Voy. C. V. Riley, *American Naturalist*, vol. VII, 1873.

(2) Fritz Müller, in H. Müller, *loc. cit.* Voy. aussi Errera et Gevaert, *loc. cit.*

(3) Delpino, *loc. cit.*, XII, p. 229, et XVII, p. 358.

(4) Kerner, *loc. cit.*, p. 45-46.

(5) Belt, *the Nat. in Nicaragua.*

(6) H. Müller, p. 93-94, et d'après mes observations.

(7) Quelquefois plus de 150 espèces d'insectes différents pour une seule espèce de plante (voy. H. Müller, *loc. cit.*).

aux diverses familles d'insectes : ces visiteurs sont de toute forme et de toute taille ; les uns prennent du pollen, les autres du nectar ; il en est qui dévorent la fleur. Lorsqu'un Coléoptère mange le stigmate et les étamines d'une fleur, comme cela arrive souvent, il est difficile d'admettre qu'il y a entre les deux êtres une admirable adaptation réciproque.

Cependant M. Müller n'insiste pas sur les résultats de ses propres observations, qui sont si instructives à ce sujet. Lorsqu'il en trouve l'occasion, il signale au contraire les quelques rares cas où il croit avoir remarqué une adaptation restreinte ou exclusive à un nombre très-limité d'insectes.

J'ai cité plus haut les *Delphinium elatum* et *D. Consolida*, qu'il dit adaptés au seul *Bombus hortorum*. Mais j'ai observé d'autres insectes sur ces fleurs. Sur le *Delphinium Consolida*, j'ai trouvé comme visiteurs, aux environs de Paris et dans les Alpes, les *Bombus terrestris*, *B. silvarum*, *B. agrorum*, *B. pratorum*, *Anthophora pilipes*, *Osmia rufa*, *Halictus cylindricus*, pour ne citer que les Hyménoptères. On y voit aussi les Abeilles en abondance, quand le nectar donne beaucoup. J'ai trouvé également plusieurs visiteurs différents sur le *D. elatum*, et je l'ai vu fréquemment visité par les Abeilles dans les Pyrénées-Orientales.

Ces exemples cités sont donc mauvais. On n'a aucune preuve qu'une fleur donnée puisse se limiter à un insecte particulier.

Examinons maintenant quel est le rôle réel des différentes dispositions par lesquelles on suppose que les fleurs écartent les insectes non adaptés pour se limiter à ceux qui opèrent en elles la fécondation croisée :

a. Exclusion par la couleur. — M. Delpino prétend que les fleurs à taches pourpres et à fleurs jaunâtres ne sont visitées que par les Diptères. M. H. Müller a démontré que cette assertion est absolument fausse. J'ajouterai à ses observations sur ce point que les fleurs jaunâtres des *Hedera*, *Salix*, *Ribes*, *Cerinthe*, *Reseda*, *Acer*, *Tilia*, etc., sont beaucoup plus fréquentées par les Hyménoptères que par les Diptères, contrairement à ce que dit M. Delpino.

L'exclusion des Coléoptères par la couleur jaunâtre ou blanc jaunâtre, que M. H. Müller donne comme une loi générale, n'est pas moins imaginaire. J'ai observé des Coléoptères sur les fleurs jaunâtres du *Cornus mas*, des *Acer*, de l'*Hedera Helix*, très-nombreux sur les fleurs du *Brassica oleracea*, où M. Müller en cite un ; quelques-uns sur le *Pastinaca sativa*, où il n'en cite pas. Du reste, l'auteur se réfute lui-même sur ce point. Il cite les Coléoptères comme étant les visiteurs les plus abondants du *Galium verum* à fleurs jaunâtres. Il cite aussi des Coléoptères sur les fleurs de *Bryonia dioica*, *Rhus Cotinus*, *Salix*, etc. Cette remarque n'a donc pas plus de valeur que celle de M. Delpino.

S'il est vrai, comme il le dit, que « les Coléoptères sont » attirés exclusivement ou de préférence par les couleurs vives » des fleurs » (1), le développement des couleurs aurait alors aussi pour rôle d'attirer ces insectes nuisibles.

Ainsi, *on ne peut pas dire que la couleur exclut les insectes non adaptés.*

b. Exclusion par l'odeur. — Là encore les observations de M. H. Müller ne sont en rien d'accord avec les remarques de M. Delpino. Quoi qu'en dise ce dernier, l'odeur des fleurs d'*Anethum* et de *Ruta* n'empêche pas d'autres insectes que les Diptères de visiter ces plantes.

Mais M. H. Müller pense que le fait est vrai pour les *Sambucus*. J'ai dit plus haut que j'ai observé les Abeilles sur le *S. Ebulus*, à Louye, par une forte miellée. Les Hyménoptères vont, du reste, recueillir du pollen sur les *S. nigra* et *S. racemosa* (envir. de Paris, Alpes). Ainsi l'odeur de ces fleurs ne limite en rien les visiteurs à la seule famille des Diptères.

On ne peut pas dire qu'il y ait exclusion, par le parfum, des insectes non adaptés.

c. Exclusion par la forme des organes floraux. — Les fleurs à longs tubes ne peuvent être visitées que par les insectes à longue trompe. M. H. Müller a réuni un nombre énorme d'ob-

(1) H. Müller, *loc. cit.*, p. 435.

servations sur ce sujet. Il en conclut que les insectes à longue trompe se trouvent en nombre relativement plus grand sur les fleurs à nectaires enfoncés (1). C'était évident à priori, et cela se comprend facilement ; mais rien ne montre que les fleurs à long tube aient pris cette disposition dans ce but spécial, et qu'une telle structure leur soit avantageuse. Au reste, si de telles formes s'étaient différenciées pour cela, ce serait le plus souvent sans résultat. Nous avons vu en effet qu'un très-grand nombre de ces fleurs à long tube sont percées en face du nectaire, et dès lors accessibles aux insectes à courte trompe ; en outre, quand le nectar s'élève beaucoup dans le tube, nous venons de voir que des insectes à trompe plus courte peuvent visiter ces fleurs.

Quant à celles où les nectaires sont situés si profondément (*Saponaria*, *Lychnis*, *Valeriana*, certains *Lonicera* et *Dianthus*), que seuls les Lépidoptères à très-longue trompe peuvent atteindre le nectar, on peut dire qu'elles n'ont pas choisi une adaptation heureuse, car il est admis par tous les auteurs que ces insectes sont les plus mauvais agents de la fécondation, et surtout de la fécondation croisée.

Aucune expérience et aucune observation n'ont été citées pour prouver que les poils situés à l'intérieur des corolles ont pour but d'opposer une barrière à la visite des insectes à courte trompe. Beaucoup de ces derniers ont une taille assez petite pour leur permettre de passer malgré cet obstacle, surtout quand les fleurs ont déjà été visitées par les Bourdons, qui ont écarté ou endommagé ces poils soi-disant protecteurs (2).

En admettant que les lèvres de la corolle chez les Linaires ou les Mufliers soient disposées de façon à ne pouvoir être écartées que par les *Bombus*, comme ces insectes percent régu-

(1) H. Müller, p. 437, et aussi plusieurs articles dans le *Bienenzeitung*.

(2) M. Delpino cite les staminodes de *Penstemon* et de *Jacaranda* comme disposés pour servir d'organe d'*appui* aux Hyménoptères visiteurs. MM. Errera et Gevaert (*loc. cit.*, p. 214) ont prouvé par l'expérience que cette hypothèse est inexacte.

lièrement des trous en face des nectaires, cette adaptation hypothétique ne joue aucun rôle ; les insectes de tout ordre peuvent récolter le nectar de ces fleurs.

Il est d'ailleurs assez difficile de comprendre comment les avantages de la limitation à un seul insecte ou à quelques insectes spéciaux ne sont pas annulés par le grand désavantage d'avoir moins de visiteurs. M. Meehan fait remarquer que les Orchidées, qui, d'après M. Darwin, présentent de si merveilleuses adaptations, sont les plantes où la fécondation manque le plus souvent (1). M. H. Müller cite aussi plusieurs inconvénients de cet avantage prétendu (2).

Quoi qu'il en soit, il résulte clairement de ce qui précède, que :

On ne peut pas dire que les fleurs ont pour but d'écarter par leur forme certaines classes d'insectes prétendus non adaptés à la fécondation croisée.

d. Par le temps ou la localité. — Il est évident que si la plante pousse dans un pays où il n'y a pas d'Abeilles, les Abeilles ne seront pas au nombre des visiteurs de la plante. A part cette vérité incontestable, les exemples d'adaptation spéciale cités à ce sujet ne me paraissent pas démontrés. On ne peut pas dire que les fleurs nocturnes sont adaptées aux Papillons de nuit. J'ai vu très-souvent les Belles-de-nuit visitées dans la journée et percées de trous par les Bourdons, etc.

Quant à admettre que les plantes trouvent une limite dans leur distribution géographique là où il y a absence d'insectes appropriés à leur fécondation, les faits observés contredisent le plus souvent cette manière de voir. Les exemples cités par M. Delpino ne sont pas exacts, d'après M. H. Müller même. Il suffit de dire que dans des régions étendues des montagnes Rocheuses, où les Hyménoptères sont extrêmement rares, les fleurs dites adaptées à ces insectes croissent parfaitement et en grand nombre (3). On peut faire la même observation dans les hautes régions des Alpes.

(1) Meehan, *loc. cit.*
(2) H. Müller, *loc. cit.*, p. 434, 435.
(3) Meehan, *loc. cit.*

6° *Rôle de la dichogamie et de l'hétérostylie.* — On comprend que je ne puisse traiter complétement ici cette question, qui ne se rattache qu'indirectement au rôle des nectaires ; elle m'entraînerait trop loin de mon sujet.

Je me contenterai de faire remarquer que les auteurs modernes ne sont pas d'accord sur ce point. Les uns pensent que ces dispositions constituent un perfectionnement floral, et que la tendance actuelle des plantes est de devenir de plus en plus dioïques, de façon à mettre obstacle à l'autofécondation. Les autres pensent au contraire que ces dispositions sont désavantageuses, et que la tendance actuelle des plantes est de devenir de plus en plus hermaphrodites, de façon à favoriser l'autofécondation.

Dans son ouvrage sur la fécondation des Phanérogames, M. Severin Axell (1) a examiné par l'observation et l'expérience environ 300 espèces de plantes ; les conclusions de l'auteur sont, sur ce point, exactement contraires à celles de MM. Darwin et Hildebrand (2). Il montre que tous les avantages de l'épargne de matériel, d'espace et de temps sont en faveur des fleurs hermaphrodites contre les fleurs diclines.

Pour M. Severin Axell, les plantes ont d'abord été dioïques, puis tendent peu à peu à devenir hermaphrodites. Les plantes actuellement hétérostyles ou dichogames représenteraient des formes de passage entre la dioïcité et l'hermaphrodisme. Cette hypothèse est, en tout cas, plus simple que celle de M. Darwin, qui suppose que les plantes ont été successivement dioïques, hermaphrodites, puis tendent actuellement à retourner vers leur dioïcité primitive (3).

M. Severin Axell prouve que le transport du pollen sur le

(1) *Fanerogamer Växternas*, etc., (*loc. cit.*). M. Darwin dit qu'il n'a pas lu cet ouvrage parce qu'il est écrit en suédois. Je dois des remercîments à M. Edström, qui a bien voulu m'aider dans la traduction de ce travail intéressant.

(2) Axell, *loc. cit.*, p. 86, 87.

(3) Voyez aussi à ce sujet Fritz Ludwig, *loc. cit.*, p. 31. L'auteur montre que la fécondation croisée exclusive ou favorisée est en opposition avec la théorie de la sélection naturelle.

stigmate de la même fleur n'est pas nuisible, en général. A cause précisément de la prépondérance que peut avoir le pollen étranger, il ne comprend pas comment la fleur chercherait à mettre obstacle à l'autofécondation. Il voit au contraire un perfectionnement dans les dispositions qui permettent à la fleur de se féconder, même lorsque le concours des insectes lui manque. L'auteur n'admet pas qu'on puisse énoncer en général que « la nature a horreur des perpétuelles autofécondations ».

M. Delpino a exprimé successivement plusieurs opinions différentes. L'une d'elles est voisine de la précédente (1).

Pour M. H. Müller, la vérité se trouve entre l'opinion de Hildebrand et celle d'Axell (2). Les fleurs obscures seraient disposées pour l'autofécondation, les fleurs visibles pour la fécondation croisée. Nous avons vu plus haut que ce rapport entre la visibilité et la visite fréquente des insectes n'existe pas. J'ajouterai que l'auteur allemand semble s'être rendu compte, par ses nombreuses observations, de l'exagération des théories sur l'adaptation réciproque, en certains cas.

En résumé, il y a des fleurs dioïques uniquement disposées pour la fécondation croisée ; il y a des fleurs hermaphrodites uniquement disposées pour l'autofécondation ; il y a des fleurs intermédiaires entre ces deux catégories, présentant l'hétérostylie ou la dichogamie plus ou moins prononcée. On n'a aucune raison de supposer que ces dernières forment un passage des dioïques aux hermaphrodites plutôt que des hermaphrodites aux dioïques.

Comme le fait remarquer M. Axell, M. Hildebrand n'a donné aucune raison du but que se propose la plante en met-

(1) Sull'opera la *Distribuzione dei sess.*, etc., del prof. F. Hildebrand (*Note critiche*). Federico Delpino, 1867, p. 6.

Autre part, M. Delpino a supposé que chaque espèce de plante avait été créée spécialement pour chaque espèce d'insecte, et réciproquement. Plus tard il a admis en partie l'application de la sélection à cette théorie (*Ulter. Osserv.*).

(2) On trouve l'ouvrage de M. S. Axell résumé dans celui de M. H. Müller ; mais M. Severin Axell m'a fait remarquer que plusieurs parties de son ouvrage avaient été mal interprétées par l'auteur allemand.

tant obstacle à l'autofécondation. Il semble que, même en admettant les avantages de la fécondation croisée, puisque le pollen étranger, lorsqu'il existe, l'emporte sur l'autre, on ne peut contester qu'il soit avantageux pour une fleur d'être à la fois parfaitement hermaphrodite et visitée par les insectes.

Donc la dichogamie et l'hétérostylie seraient en partie désavantageuses pour les plantes, puisqu'elles mettent obstacle à toute fécondation, lorsque la visite des insectes vient à manquer.

Quant aux mouvements floraux qui se joignent à ces dispositions spéciales, il ne faut pas perdre de vue qu'ils se produisent bien souvent pour *favoriser l'autofécondation*, en appliquant les étamines sur le stigmate de la fleur (*Ruta*, *Berberis*, *Urtica*, *Parietaria*, *Vinca*, *Geranium*, *Gladiolus*, beaucoup de Papilionacées, etc.) (1).

7° *Nectaires sans nectar externe.* — On verra dans la suite de ce travail que, chez toutes les plantes non mellifères que j'ai observées, il y a aussi accumulation de sucres en certaines parties de la fleur. Ces tissus nectarifères, qui n'émettent pas comme les autres de trop-plein liquide au dehors sont, du reste, constitués de la même manière ; ils contiennent les mêmes sucres. On peut les appeler des *nectaires sans nectar*.

Sauf quelques cas très-rares où la matière sucrée peut être prise par les insectes qui déchirent les tissus (quelques *Orchis*, *Cytisus*, *Erythræa*, *Anemone*), on n'observe, en général, aucun insecte sur les plantes qui possèdent ces accumulations internes de sucres (2). A tous ces nombreux organes, le rôle attribué aux nectaires par la théorie moderne n'est pas applicable.

§ 5. — Conclusions de l'examen précédent.

On voit qu'il est impossible d'admettre que toutes les dispositions florales sont calculées pour attirer les insectes en leur

(1) Voyez, à ce sujet, Treviranus, *loc. cit.*

(2) Comme il s'agit ici du rôle des nectaires, je ne parle pas des insectes qui vont quelquefois sur certaines de ces fleurs pour y récolter le pollen.

fournissant le nectar, et pour leur faire opérer la fécondation croisée. On ne peut admettre qu'il y ait adaptation réciproque entre les fleurs et les insectes.

Les faits observés sont loin de concorder avec les hypothèses imaginées.

Un très-grand nombre de dispositions florales facilitent l'autofécondation. Les insectes vont chercher le sucre là où ils le trouvent, souvent sans opérer la fécondation, ou même en dehors des fleurs.

En outre, le rôle des nectaires sans nectar et le rôle des nectaires extra-floraux demeurent inexpliqués. Or, il existe entre eux et les autres toutes les analogies et tous les intermédiaires. Tous ces tissus accumulent les mêmes sucres. Un changement de localité suffit pour rendre nectarifère un nectaire sans exsudation externe. Il y a tout lieu de supposer, par l'ensemble de nos connaissances, que des organes aussi analogues doivent avoir un rôle analogue.

Nous devons donc forcément conclure que :

La théorie moderne sur le rôle des nectaires paraît insuffisante.

Il y a lieu d'étudier à nouveau la physiologie des nectaires par l'expérience et l'observation. Mais, avant de chercher quel peut être le rôle des tissus nectarifères, il est essentiel d'examiner leur structure.

Je commencerai donc par exposer les résultats anatomiques fournis par l'étude de ces tissus dans un grand nombre de genres appartenant aux familles les plus différentes. Je terminerai par le compte rendu des recherches physiologiques que j'ai entreprises au sujet de ces accumulations de substances sucrées.

PARTIE ANATOMIQUE

Comme les tissus nectarifères sont définis par les sucres qu'ils renferment, leur étude anatomique ne peut être entreprise que lorsque nous saurons reconnaître la présence des différents sucres dans les tissus. Je commencerai donc par exposer brièvement les divers procédés de recherche employés dans ce but.

I.

RECHERCHE DES SUCRES DANS LES TISSUS VÉGÉTAUX

Les sucres peuvent se rapporter à deux groupes généraux, les *saccharoses* et les *glucoses*. Les premiers se rencontrent accumulés dans certaines régions des végétaux, très-souvent nettement localisées (Betterave, Canne à sucre, Carotte) ; les seconds sont répandus dans presque toutes les parties de la plante lorsqu'elle est en voie de développement.

Les tissus que nous avons à déterminer sont ceux qui contiennent à la fois, en forte proportion, des *saccharoses* et des *glucoses*, ces derniers se trouvant ordinairement aussi en assez grande abondance dans les tissus où les premiers s'emmagasinent.

Nous verrons qu'au point de vue physiologique, c'est surtout la distinction de ces deux genres qui nous intéressera. Les saccharoses ne sont pas directement assimilables ; les glucoses sont directement assimilables. Aussi devrons-nous insister beaucoup plus sur la recherche des proportions relatives de ces deux sortes de sucres que sur la distinction spécifique des divers glucoses et des divers saccharoses.

1° *Saccharoses.* — Les saccharoses ont tous pour formule:

$$C^{24}H^{22}O^{22}.$$

Ceux qu'on rencontre dans les végétaux ont les propriétés communes suivantes:

Ils ne sont pas altérés par les alcalis à 100 degrés.

Ils ne réduisent pas le tartrate cupro-potassique.

Sous l'action des acides, ils se dédoublent en s'hydratant pour donner deux glucoses.

Le plus répandu est le saccharose proprement, dit ou sucre de Canne.

2° *Glucoses.* — Les glucoses ont tous pour formule :

$$C^{12}H^{12}O^{12}.$$

Ils sont détruits par les alcalis à 100 degrés.

Ils réduisent le tartrate cupro-potassique.

Le plus répandu est le glucose ordinaire, ou sucre de raisin.

§ 1er. — Analyse d'un mélange de glucoses et de saccharoses.

Dans les mélanges sucrés provenant des tissus végétaux où les sucres sont accumulés (nectar, extrait aqueux des tissus nectarifères), on trouve en général un mélange des deux genres de sucres précédents.

En ne nous préoccupant que des corps sucrés, corps qui font spécialement l'objet de cette étude, nous pouvons faire l'analyse d'un semblable mélange par un des procédés suivants, ou mieux par les trois successivement.

Dans la plupart des cas, le mélange se compose de saccharose proprement dit (sucre de Canne), de glucose ordinaire (sucre de raisin) et de lévulose.

1° *Analyse par le tartrate cupro-potassique.* — Ce procédé est celui dont j'ai fait le plus souvent usage.

On prend deux volumes égaux de la dissolution A et B. Le volume A est traité par le tartrate; on dose la quantité des glucoses qu'il contient. Le volume B est interverti par un peu d'acide sulfurique (1), neutralisé, et traité de nouveau par la liqueur de Fehling. La différence des deux dosages, multipliée par $\frac{19}{20}$, donne le poids du sucre de Canne. Le dosage de A donne le poids des glucoses.

Si la quantité de matière n'est pas extrêmement petite (2), on peut faire un dosage de la manière suivante :

On verse dans un ballon 10^{cc} de tartrate cupro-potassique, 50^{cc} d'eau distillée, 1^{cc} de soude concentrée. On porte à l'ébullition. On ajoute goutte à goutte la liqueur sucrée, qui par suite d'essais préalables est étendue de façon que 10^{cc} de cette liqueur décolore environ 10^{cc} de tartrate.

Dans quelques cas où la matière sucrée était beaucoup trop peu abondante pour faire un dosage, ou lorsque je ne voulais que constater la présence des deux genres de sucres, j'ai opéré en précipitant par la liqueur de Fehling, jusqu'à ce que la coloration bleue persiste ; filtrant, décantant et refiltrant, puis en faisant agir un peu d'acide sulfurique. Si après l'interversion on peut obtenir un nouveau précipité, c'est qu'il y a des saccharoses. Avec une certaine habitude, on peut même juger dans beaucoup de cas de la proportion approximative des deux sucres, par la comparaison des deux précipités obtenus.

La liqueur de Fehling s'altère avec la plus grande facilité, si on ne la conserve pas à l'ombre et dans un endroit frais. En tout cas, *il est indispensable*, avant de faire une analyse quelconque par ce procédé, de constater que la liqueur employée ne donne pas de précipité avec une dissolution de sucre candi blanc et pur.

2° *Analyse par la lumière polarisée.* — Le plan de polarisation de la lumière polarisée est inégalement dévié par les

(1) L'interversion du sucre de Canne par les acides peut se représenter par la formule :

$$\underset{\text{Saccharose.}}{C^{24}H^{22}O^{22}} + \underset{\text{Eau.}}{2HO} = \underset{\text{Lévulose.}}{C^{12}H^{12}O^{12}} + \underset{\text{Glucose.}}{C^{12}H^{12}O^{12}}$$

(2) Lorsqu'il s'agissait d'analyser le nectar, ce liquide sucré était recueilli simplement au moyen d'une pipette sur un très-grand nombre de fleurs de la même espèce.

différents sucres, et l'angle de déviation peut servir à caractériser les diverses espèces de saccharoses et de glucoses.

Le sucre de Canne a pour pouvoir rotatoire............... + 73°,8
Le glucose.. + 57°,6
Le sucre interverti (mélange égal de glucose et de lévulose). — 25°

Pourvu qu'on opère aux environs de 15° à 20° de température.

En déterminant le pouvoir rotatoire du mélange avant et après inversion, on peut en déduire par des équations les proportions des différents sucres.

J'ai opéré en général avec le saccharimètre de Jellet, à nicol coupé, avec la lumière du sodium.

Dans le cas où j'avais une quantité de matière très-peu considérable, je me servais d'un tube spécial de 2 millimètres de diamètre sur 200 millim. de longueur.

3° *Vérification par le dosage total des sucres au moyen de la fermentation.* — Dans le cas d'analyses complètes et détaillées, j'employais à la fois les deux procédés précédents. Comme vérification, je faisais fermenter le mélange par la levûre de bière. Le volume d'acide carbonique dégagé m'indiquait le poids du sucre total, qui devait être égal à la somme des poids de glucoses et de saccharoses obtenus précédemment. Ce procédé permettait en outre d'isoler les matières non fermentescibles.

En général, on trouve que la quantité totale de sucres ainsi déterminée est un peu inférieure à la somme des saccharoses et des glucoses donnée par les procédés précédents. Cela tient à ce que, dans l'interversion, une partie de la dextrine ou des gommes qui se trouvent souvent comme produits accessoires dans les mélanges sucrés peut s'être transformée en glucoses.

Lorsque la différence, entre la somme des glucoses et saccharoses obtenus d'une part, et la somme totale de sucres d'autre part, est trop grande, ou lorsque les deux premiers procédés donnent des résultats mal concordants, il est bon de mettre directement en évidence la présence du sucre de Canne.

Le procédé le meilleur et le plus simple a été indiqué par Payen.

On évapore le tissu à sec, on reprend par l'alcool à 90 degrés, on ajoute un volume d'éther double ; on voit alors la saccharose apparaître cristallisée.

§ 2. — Reconnaître les cellules sacchariféres.

On peut employer plusieurs procédés pour rechercher dans quelle région se trouve surtout l'accumulation des sucres, et en particulier des saccharoses.

Si l'on opère sur des quantités assez considérables, on pourra prendre un poids égal de deux tissus à comparer, les piler dans deux volumes d'eau égaux, et en déduire par dosage la différence dans la quantité des sucres qu'ils peuvent contenir.

Ce procédé est long et il exige une assez grande quantité de matière. J'ai essayé de rechercher directement les tissus sacchariféres sur les préparations microscopiques par l'un des deux procédés suivants :

1° *Par le tartrate cupro-potassique.* — On met dans la préparation une goutte de liqueur de Fehling étendue ; on chauffe la préparation. On regarde au microscope dans quelles régions s'est formé le précipité jaune ou jaune rougeâtre. On intervertit ; on remet une goutte de liquide cupro-potassique, on rechauffe. On examine de nouveau le précipité (voy. fig. 4 et 5). S'il est beaucoup plus abondant que dans le premier cas, c'est que l'accumulation de saccharose est notable. Il faut, bien entendu, qu'il y ait un excès de tartrate dans la première opération pour que tout le glucose ait été précipité.

Cette manière d'opérer est très-délicate, exige une grande habitude et de nombreuses précautions.

Si l'on fait bouillir le liquide sous la lamelle de façon à produire de violents mouvements, le précipité se distribue dans toute la préparation ; on trouve alors une teinte jaune générale et l'on ne peut rien conclure.

Il faut en outre faire l'opération le plus vite possible, sans quoi l'eau dissolvant les sucres peu à peu, on aurait encore un précipité général. Enfin, il ne faut pas que la préparation soit très-mince, si l'on veut bien juger de l'intensité relative des teintes obtenues par la réaction.

Les meilleures conditions sont donc d'opérer vers 90 à 95 degrés, avec des coupes peu minces. Si le résultat se trouve trop masqué par la dissolution des sucres dans l'eau de la préparation, on opère en faisant chauffer les coupes dans un petit tube, puis en les reprenant avec une pince pour les examiner ensuite, une fois le précipité obtenu dans les cellules.

Sans prendre toutes ces précautions dans mes premiers essais, j'avais cru ce procédé de recherche impraticable. Il m'a ensuite donné de très-bons résultats dans beaucoup de cas; car en comparant l'observation de ces précipités plus ou moins intenses avec les résultats fournis par le procédé de recherche précédent dans les cas très-nets, j'ai trouvé une concordance suffisante.

En somme, la teinte jaune produite par la liqueur de Fehling, l'augmentation de la teinte après interversion, ne sont pas des preuves absolues de la présence des glucoses et des saccharoses (1) ; mais c'est un caractère important qui, joint à d'autres, peut servir à démontrer la présence des sucres dans les cellules. Si l'on a reconnu par un dosage la présence réelle des deux genres de sucres, ce procédé donne d'excellentes indications sur la manière dont ils sont distribués dans les tissus.

2° *Par l'alcool absolu.* — Si le tissu est très-riche en saccharose, on peut mettre directement en évidence le sucre de Canne dans les cellules. Si l'on traite la préparation par l'alcool absolu, comme le sucre de Canne est insoluble dans ce liquide, il apparaît sous forme de cristaux étoilés dans les cellules saccharigènes.

Comme vérification, si l'on extrait la partie soluble du tissu, qu'on la traite par l'alcool à 90 degrés, puis par l'éther, comme je l'ai indiqué plus haut, on voit apparaître dans le liquide des

(1) Puisque certaines gommes peuvent précipiter le tartrate; il en est de même de certaines variétés de dextrine et de la dextrine ordinaire en présence des acides.

cristaux de même forme : c'est encore la saccharose mise directement en évidence.

§ 3. — Résultats généraux.

Je signalerai plus loin, à l'occasion, dans les différents cas examinés, les résultats particuliers relatifs à la situation des régions saccharigènes. Je veux seulement indiquer dès à présent les résultats généraux.

En général, dans la fleur, on trouve une accumulation plus ou moins abondante de saccharoses accompagnées de glucoses, dans les tissus voisins de l'ovaire. On trouve souvent aussi des accumulations de sucres (saccharoses et glucoses) en des régions localisées des organes appendiculaires (feuilles, stipules, bractées, etc.).

Lorsque, dans certaines circonstances, ces tissus à sucres émettent au dehors un liquide sucré (nectar), ce liquide contient des sucres des deux genres, saccharoses et glucoses.

Le plus souvent la saccharose est du sucre de Canne, rarement de la mélézitose (miellée du *Larix*) ou de la mannitose (plusieurs miellées, *Fraxinus*, *Sambucus*, *Quercus*).

Le plus souvent les glucoses sont le glucose ordinaire et la lévulose. Dans tous les cas observés, il y a plus de glucose ordinaire que de lévulose ; autrement dit, les glucoses sont le sucre interverti et un excès plus ou moins grand de sucre de raisin.

Nectar (1). —Nous venons de dire que, comme l'a le premier

(1) Un grand nombre d'auteurs se sont déjà occupés de l'analyse des nectars (voy. à ce sujet Kurr, *loc. cit.*, p. 107), où se trouvent les indications bibliographiques relatives à Kölreuter, Odhelius, Koffmann, Thomson, Marggraff, Jäger, Mackensie, John, Fourcroy, Vauquelin, Bosc, etc. Mais les analyses de ces auteurs ne portent que sur quelques cas particuliers.

C'est Braconnot (*Mémoires de la Soc. scient.*, Nancy, 1841, p. 57-61) qui a le premier montré, par des analyses plus nombreuses, la généralité de la présence du sucre de Canne en forte proportion dans les nectars.

Voyez aussi quelques analyses de MM. Erlenmeyer, *Ueber die Fermente*, etc. (*Sitzungsber. der Bayer. Akad. der Wiss.*, t. II, 1874) ; Wilson, *Association tannique pour l'avancement des sciences*, 1878.

montré Braconnot, le sucre de Canne existe en général en assez forte proportion dans le nectar.

Ce liquide sucré contient surtout : de l'eau, de la saccharose, du sucre interverti, du glucose ordinaire, et en moins grande quantité, comme produits accessoires qui peuvent manquer : de la dextrine, des gommes, de la mannite, quelques produits azotés ou phosphorés très-peu abondants.

En général, c'est un liquide plus ou moins acide ; très-acide (*Cicer*, *Lathyrus pratensis*), presque neutre (stipules de *Vicia sativa*).

La quantité d'eau contenue dans le nectar est très-variable chez les différentes espèces, très-variable aussi chez la même espèce. Nous verrons plus loin qu'elle dépend des influences extérieures (voy. *Partie physiologique*) ; il suffira de dire qu'on peut trouver du nectar contenant 95 pour 100 d'eau (*Fritillaria imperialis*) et du nectar ne contenant presque pas trace d'eau (*Fuchsia*, *Mirabilis*). Dans ce dernier cas, on voit quelquefois le dépôt de sucre cristalliser sur le tissu nectarifère, lorsqu'une chaleur forte et sèche s'est produite rapidement pendant l'émission du nectar (1). En mettant de côté les temps chauds et secs, on peut dire que dans la plupart des cas, la proportion d'eau varie entre 60 et 85 pour 100.

La quantité totale de sucres varie évidemment aussi, d'après ce qui précède. En outre, elle change beaucoup par rapport aux autres substances que l'eau. La quantité de saccharose est très-variable dans les différentes espèces ; elle dépend aussi de l'âge qu'a le tissu nectarifère (voy. *Partie physiologique*). En général, les nectars extra-floraux contiennent moins de saccharose que les nectars floraux. Ceux des *Prunus avium*, *Cratægus oxyacantha*, en contiennent beaucoup moins que le nectar des stipules de *Vicia*. Le nectar de *Calluna vulgaris* contient relativement peu de saccharose. La saccharose est au contraire extrêmement abondante dans les nectars floraux de *Mirabilis*, *Fuchsia*, *Helleborus niger*.

(1) M. Delpino cite aussi quelques cas analogues. Voy. *Ulter. Osserv.*, loc. cit., *Bull. entomolog.*, t. VI, Florence, 1874.

Chez ces trois genres, ainsi que chez l'*Agave americana*, le *Polygonatum multiflorum*, j'ai pu isoler la saccharose par cristallisations successives, et obtenir des dissolutions de sucre de Canne extrait du nectar, ne contenant plus trace de glucoses, ne donnant aucun précipité avec la liqueur de Fehling. Les nectars étaient évaporés à 35°; les cristaux repris à la pince, passés rapidement dans l'eau distillée, redissous, évaporés de nouveau, etc., jusqu'à séparation complète.

Par une simple évaporation, la saccharose cristallise seule en général; le plus souvent le glucose ne cristallise pas dans ces conditions, la lévulose est incristallisable. Aussi les cristaux de sucre qu'on observe quelquefois sur les tissus nectarifères par les temps secs doivent-ils être des cristaux de sucre de Canne. L'examen microscopique des cristaux de sucre obtenus m'a souvent donné d'utiles renseignements (voy. fig. 124, 125, 126).

En général, pour les nectars floraux, au moment où le liquide sucré est émis, il contient un peu plus de saccharoses que de glucoses.

Je citerai comme exemples quelques-unes des analyses qui diffèrent le plus entre elles :

Lonicera Periclymenum (au moment de l'anthèse), jours secs.

Eau	76	100
Saccharose	12	
Glucoses (lévulose et glucose)	9	
Dextrine, gommes, matières minérales et pertes	3	

Lavandula vera (après l'anthèse), à la suite de jours pluvieux.

Eau	80	100
Saccharose	8	
Glucoses	7,5	
Résidu et pertes	4,5	

Fritillaria imperialis (au moment de l'anthèse), temps humides.

Eau	95	100
Saccharose	1	
Glucoses	1,5	
Gommes, résidu, pertes	2,5	

Produits accessoires. — Quoique j'aie porté mon attention presque uniquement sur les matières sucrées, j'ai cherché à reconnaître dans quelques cas les autres produits qui peuvent être renfermés dans le nectar.

Pour reconnaître la dextrine ($C^{24}H^{20}O^{20}$), la partie de la substance qui avait résisté à la fermentation était soumise à l'action de l'acide sulfurique, qui transforme la dextrine en glucose. On dosait ensuite par le liquide cupro-potassique. Je n'ai pu me servir du pouvoir rotatoire de la dextrine, il est trop variable. En général, elle colore l'iode en pourpre. On peut aussi la séparer des glucoses par l'alcool à 95 degrés ; elle se précipite tandis que le glucose reste dissous.

Si la mannite ($C^{12}H^{14}O^{12}$) est assez abondante, on peut l'isoler partiellement en traitant successivement la substance non fermentée par l'alcool étendu, puis par l'alcool absolu ou par l'éther. On obtient une matière sans pouvoir rotatoire sensible, qui fond vers 160 degrés. On en trouve quelquefois en proportion très-notable (*Acer platanoides*). Les gommes sont assez difficiles à mettre en évidence. On peut souvent les reconnaître par le précipité caractéristique, soluble dans l'acide acétique, que donne le sulfate de sesquioxyde de fer (1). Lorsqu'elles sont en assez grande quantité, elles rendent le nectar très-visqueux (*Cratægus*, *Amygdalus*) (nectars extra-floraux) (2).

On trouvera, dans le mémoire de M. Behrens cité plus haut, d'importants renseignements et un grand nombre de détails intéressants sur les substances, autres que les sucres, qu'on rencontre dans le nectar ou dans les tissus nectarifères (3).

Analyses des miels. — On pourrait chercher à avoir des indications sur la composition du nectar par celle du miel qui en provient, si, comme on l'a souvent supposé, cette composition ne se modifiait pas dans la transformation du nectar en miel.

(1) Procédé indiqué par M. Roussin (*Journ. de pharm.*).

(2) D'après M. Behrens, on peut reconnaître les gommes par la teinture d'aniline (*Flora*, 11 oct. 1878).

(3) Voy. Behrens, *Anatomische-physiol. Unters.*, etc. (*Flora*, 1879).

Mais, en général, la saccharose, abondante dans le nectar, n'existe qu'en très-faible quantité dans le miel, ou même est complètement intervertie. Il n'en reste en proportion très-notable que dans les miels de montagne.

On trouve en outre dans le miel plusieurs glucoses complexes, et parfois une quantité de mannite supérieure à celle qu'on trouve dans les nectars mannitifères.

Cependant des miels récoltés en diverses saisons, au moment où une fleur en culture est dominante, offrent des caractères très-différents, qui rappellent les caractères des nectars que les Abeilles ont alors recueillis.

J'ai eu l'occasion d'examiner les miels spéciaux de *Centaurea Cyanus*, *Polygonum Fagopyrum*, *Robinia Pseudacacia*, miellée du Chêne, *Centaurea Jacea*, *Tilia europœa*, *Calluna vulgaris*, *Onobrychis sativa* (1).

Tous ces miels présentent des propriétés et une composition très-différentes, qui ont souvent un certain rapport avec celles des nectars de ces plantes ; le miel formé par les Abeilles avec la miellée du Chêne contient de la gomme et du tannin ; le miel de Bruyère ne renferme généralement pas de saccharose, celui du *Robinia* en a, etc. Mais, en somme, il n'est pas possible, par l'analyse de ces matières sucrées, de déduire des résultats certains relatifs au nectar ; il faut recourir, comme nous l'avons fait, à l'analyse directe de la substance.

Recueil du nectar sur l'Abeille. — Dans quelques cas où le nectar est trop peu abondant pour qu'on puisse en recueillir sur la plante une quantité suffisante, on peut en prendre dans le jabot des Abeilles, après s'être assuré qu'à ce moment elles visitent exclusivement cette espèce. J'ai pu ainsi reconnaître la composition qualitative du nectar sur des fleurs que certains auteurs prétendaient n'être pas nectarifères (*Ulex*, *Genista*, *Anemone nemorosa*).

(1) La plupart des échantillons m'ont été donnés par M. P. Faivre, qui s'est appliqué à recueillir les différents miels récoltés par les Abeilles. Les autres ont été récoltés directement à Louye, au moment de la fleuraison du Sarrasin, de celle de la Bruyère, etc.

II

ÉTUDE ANATOMIQUE DES TISSUS NECTARIFÈRES.

Maintenant que nous savons reconnaître les sucres dans les tissus végétaux, nous pouvons examiner quels sont les caractères anatomiques de ces tissus, rechercher quelle est la structure de l'épiderme qui les recouvre, du parenchyme sacchari-fère, des faisceaux vasculaires qui s'y répartissent.

Nous savons déjà que nous ne devons pas nous attendre à trouver un caractère morphologique commun à tous ces tissus. L'accumulation de sucre peut se produire dans des régions qui dépendent à la fois de l'axe et d'un organe ou de plusieurs organes appendiculaires. Il est impossible de rattacher les tissus nectarifères à un de ces organes ou à un autre. Il faut donc renoncer d'avance à une classification des nectaires par des considérations morphologiques.

Pour rendre l'étude anatomique plus facile, je me contenterai de répartir ces différents tissus en un certain nombre de catégories, suivant la position relative qu'occupent les régions où les sucres se sont accumulés, par rapport aux organes morphologiquement définis.

Nous pourrons ainsi étudier successivement les accumulations de saccharoses et de glucoses localisées :

1° Dans les cotylédons;
2° Dans les feuilles ;
3° Dans les stipules ;
4° Dans les bractées;
5° Entre une feuille et la tige ;
6° Dans les sépales ;
7° Dans les pétales ;
8° Entre les sépales et les étamines;
9° Dans les étamines;
10° Entre les sépales, pétales ou étamines, et les carpelles;
11° Dans les carpelles;
12° A la base commune de tous les organes floraux.

Je le répète, cette division n'est pas une classification des tissus nectarifères. La plupart des tissus d'une catégorie peuvent aussi rentrer dans une autre. Par exemple, pour les nectaires floraux, tous ceux qui rentrent dans les 6e, 7e, 8e, 9e, 10e et 11e catégories font aussi partie de la 12e. C'est simplement pour la commodité de l'étude que cette division est établie.

J'ai choisi de préférence, pour l'étude anatomique, les espèces de la flore d'Europe que j'ai pu avoir l'occasion d'étudier au point de vue physiologique (1).

M. G. Capus a bien voulu me communiquer quelques notes et des dessins sur l'anatomie des nectaires. Ces études comprennent huit genres que je n'avais pas examinés et plusieurs espèces dans d'autres genres. Je citerai ce travail dans le cours de l'étude anatomique qui va suivre, et je prie son auteur de recevoir tous mes remercîments.

1° Dans les cotylédons.

Il peut se faire, en quelques cas, des accumulations locales de sucres dans les cotylédons de la plante. Ces accumulations se développent à mesure que le cotylédon grandit, pendant la germination.

Ricinus. — Si l'on regarde, au bas du limbe, un cotylédon de *Ricinus communis* en voie de germination, on aperçoit en général deux renflements vers le sommet du pétiole, et entre eux ou plus bas, deux ou trois protubérances beaucoup plus petites (fig. 1).

Le tissu qui constitue ces protubérances contient en assez forte proportion de la saccharose et des glucoses, comme on peut s'en assurer en analysant une dissolution obtenue en pilant ces glandes dans l'eau.

Si l'on examine un de ces corps avec attention (fig. 2), on aperçoit au sommet une sorte de calotte plus foncée; c'est en cette région qu'on peut voir apparaître quelques gouttelettes

(1) Sur 379 espèces examinées, 32 seulement sont étrangères à la flore européenne.

d'un liquide sucré, à un certain âge du tissu, dans de bonnes conditions extérieures.

On peut trouver un commencement du développement de ces nectaires déjà indiqué dans l'embryon. Faisons une coupe longitudinale au sommet du pétiole cotylédonaire encore renfermé dans la graine, nous verrons une région où l'épiderme et quelques assises sous-épidermiques forment une proéminence; le parenchyme de la glande est constitué par une incurvation vers l'extérieur, jointe à un dédoublement des couches internes (1).

Si l'on suit le développement depuis l'embryon jusqu'à l'état de croissance complète du cotylédon, on voit que l'épiderme se différencie peu à peu sur une étendue limitée de la protubérance ; les cellules s'allongent perpendiculairement à la surface et se recouvrent d'une cuticule de plus en plus épaisse. En même temps une partie du tissu interne a passé successivement par l'état de procambium, puis de tissu vasculaire. Les vaisseaux formés se sont rejoints en donnant lieu à une sorte de cône dont la base serait la région différenciée, dont le sommet serait situé sur le faisceau du pétiole. Le tissu nectarifère présente alors la structure reproduite (fig. 3). Les vaisseaux spiralés sont plutôt situés, en général, vers la partie supérieure du cotylédon. Il n'y a pas de stomates sur l'épiderme.

La réaction opérée sur la préparation est très-nette (fig. 4) et isole distinctement la partie saccharifère par une coloration jaune intense. On voit qu'il y a aussi une légère accumulation de sucres dans une région située de l'autre côté du pétiole, vers sa face inférieure, en *r*.

Nous verrons, dans la partie physiologique, que lorsqu'un trop-plein liquide est émis, il sort, par suite du soulèvement de la cuticule, dans la région où l'épiderme est à longues cellules.

Ce tissu contient des cellules à gouttelettes d'huile, des cellules à oxalate de chaux, etc.; mais ces productions se re-

(1) J'ai examiné les coupes faites dans l'embryon ou dans la plante venant de germer, en les traitant par le chlorure de calcium (procédé Treub).

trouvent dans toutes les autres parties de la plante; je n'insisterai pas sur leur description. Il en sera de même pour les tissus nectarifères que nous examinerons; les corps qu'ils peuvent renfermer à peu près dans la même proportion que les autres parties de la plante, ne peuvent nous intéresser au point de vue de leurs fonctions spéciales.

2° Dans les feuilles.

Un très-grand nombre de tissus nectarifères extra-floraux, situés dans les feuilles, stipules, bractées, etc., ont été décrits en détail par M. Reinke (1), et surtout par M. Poulsen (2). Je renvoie le lecteur à ces excellentes descriptions; je me bornerai à citer quelques exemples et à indiquer la structure de quelques tissus non cités par ces auteurs, lorsqu'ils m'ont semblé présenter quelque intérêt.

1° *Base de la feuille* (*Apocynum, Vinca*). — On trouve à la base des feuilles jeunes d'*Apocynum venetum*, par exemple, des corps allongés dans lesquels s'accumulent les sucres au commencement du développement de la feuille et dans la première période de sa croissance. Lorsque les feuilles sont encore très-petites, ces accumulations de sucres sont plus grandes qu'elles (fig. 15); mais leur grandeur relative diminue rapidement: à mesure que la feuille achève de croître, les nectaires se flétrissent, et le contenu sucré de leurs cellules passe dans la feuille. Pour la cinquième paire de feuilles visible à partir du bourgeon, les nectaires n'ont plus que le tiers de la longueur du limbe; pour la dixième paire, que $\frac{1}{130}$ de cette longueur. Les nectaires ne se développent plus quand les feuilles dont ils dépendent forment la cinquième ou sixième paire.

Le tissu de ces corps est formé de petites cellules, sans vaisseaux, avec un épiderme nettement différencié.

(1) Reinke, *Beitrage zur der an Laubblättern*, etc. — Pringsheim, *Jahrb. für wiss. Bot.*, Bd. X, p. 119-178.

(2) Poulsen, *Om nogle Trikomer og Nectarier* (*Videnskabe meddelelser fra den natur. For. i Kjöbenh.*, 1875, Copenhague).

On trouve six à huit couches de cellules sur une section longitudinale. La forme extérieure est variable ; le plus souvent c'est une sorte de cylindre simple, quelquefois un corps digité, à branches inégales.

Je n'ai jamais vu se produire une émission de liquide sucré en dehors. J'ai observé une fois la production de nectar chez les corps analogues, plus gros, plus arrondis, qu'on rencontre près des jeunes feuilles de *Vinca*.

J'ai trouvé aussi une accumulation de sucres dans le renflement de la base des feuilles chez le *Paratropia digitata* et les *Anthurium*.

2° *Pétiole*. — L'accumulation de substances sucrées peut se localiser dans certaines régions du pétiole des feuilles ordinaires, comme sur celui des feuilles cotylédonaires.

M. Reinke a décrit (*loc. cit.*) celles qui se produisent dans des renflements vasculaires du pétiole chez le *Prunus avium*, le *Ricinus sanguineus*. Je me suis assuré dans ces deux cas de la présence de la saccharose et du glucose dans ces tissus, au moment où ils sont développés. Lorsque la feuille a atteint sa croissance complète, les nectaires sont en général flétris, et les sucres qu'ils contenaient sont en majeure partie retournés à la plante. En certaines circonstances, ils peuvent émettre des gouttelettes sucrées au dehors. J'ai observé les Hyménoptères (en particulier les Abeilles et les Fourmis) qui recueillaient ce liquide sucré sur les nectaires du pétiole de *Prunus avium*, *P. Mahaleb*, *P. domestica* (1).

M. Poulsen a décrit et figuré en détail le tissu nectarifère du pétiole chez le *Tecoma radicans* (2). Il a constaté l'accumulation de sucres chez les tissus différenciés du pétiole des Combrétacées, *Passiflora*, *Acacia*, *Cassia*, *Sarracenia* (sillons à miel).

(1) M. Delpino a observé le *Polistes gallica* récoltant le nectar sur les nectaires extra-floraux de *Ricinus* et de *Cassia* (*Bulletin entom.*, loc. cit., p. 6 et 8).

(2) Poulsen, *loc. cit.*, p. 261.

J'ai constaté dans le *Passiflora cærulea*, comme l'indique M. Reinke, la présence de faisceaux vasculaires, et en outre la nature des sucres accumulés.

M. Reinke cite encore des accumulations analogues sur les *Prunus Laurocerasus*, *P. carolinensis*. On en trouve également dans les différentes espèces du genre *Amygdalus*, où M. Caspary (1) les a d'abord décrites. J'ai constaté pour cette dernière espèce la présence de la saccharose au moment où le liquide externe est sécrété.

3° *Entre le pétiole et le limbe.* — Les nectaires des *Amygdalus* se développent quelquefois, ou sur le limbe à la base, sur le pétiole au sommet, ou entre les deux. M. Poulsen cite les genres suivants comme présentant des tissus à sucres entre le pétiole et le limbe, avec émission possible de liquide sucré : *Hura*, *Anda*, *Cnidoscolus*, *Omalanthus*, *Roumea* (2).

Desvaux avait déjà signalé ceux des *Cassia*, qui sont dans une situation analogue (3).

On peut, si l'on veut, ramener à cette catégorie tous les renflements qu'on trouve chez les *Mimosa*, *Acacia*, etc., à la base des folioles. Ces renflements contiennent beaucoup de sucres (saccharose et glucose) (4) ; j'insisterai plus spécialement sur les tissus à sucres qu'on rencontre chez beaucoup de Fougères, dans une situation analogue.

Fougères. — M. Francis Darwin a signalé le premier la présence de nectaires extra-floraux dans le *Pteris aquilina* (5). J'y ai constaté la présence de saccharose et de glucose. J'y ai observé un *Halictus* prenant du nectar, dans les bois de Marcilly (Eure) (1878).

L'accumulation des sucres près du pétiole à la base des

(1) Caspary, *De nectariis*, loc. cit., et figures.

(2) Poulsen, *loc. cit.*, p. 274, etc.

(3) Desvaux, *Sur le nectaire*, loc. cit., p. 68.

(4) M. P. Bert a attribué la cause des mouvements de la Sensitive à la présence des sucres dans ces renflements (voy. plus loin, *Partie physiologique*).

(5) *Journal of the Linnean Society*, et Darwin, *Fécondat. croisée*, loc. cit., p. 413.

folioles n'est pas spéciale à cette espèce; elle existe chez un très-grand nombre de Fougères, et le tissu saccharifère peut prendre les formes les plus variées.

Chez le *Cyathea arborea* (fig. 10), on peut remarquer sur les jeunes jrondes, à la base des folioles, au point où elles rejoignent le pétiole commun, un bourrelet vert *n*, de forme ovale; à côté de lui se trouve une petite surface qui tranche sur les tissus voisins par sa couleur blanche *n'*. L'un et l'autre des tissus qui forment ces deux mamelons sont plus riches en sucres que les autres tissus de la Fougère.

Le mamelon vert *n* n'a que peu de stomates à sa surface; le mamelon blanc *n'* en a une énorme quantité (fig. 11). Lorsqu'en certaines circonstances ils émettent un liquide sucré, c'est sur *n'* surtout que se forment les gouttelettes. Le liquide passe sans doute au dehors par ces nombreux stomates.

A mesure que la fronde se développe, ces tissus se flétrissent et perdent leurs sucres en presque totalité. Les sucres retournent aux autres tissus de la feuille à mesure qu'elle s'accroît.

La figure 9 représente une coupe longitudinale faite au travers d'une formation analogue sur les frondes de l'*Hemithelia obtusa*. On voit que les cellules qui forment le tissu nectarifère sont plus arrondies que celles des parenchymes avoisinants. Les stomates (*st*) dépassent un peu le niveau des cellules épidermiques voisines.

J'ai observé de fines gouttelettes sucrées sur les tissus nectarifères des jeunes frondes d'*Hemithelia horrida*, qui présentent des corps blanchâtres analogues, mais plus allongés.

Je citerai encore les gros renflements qu'on trouve à la base des folioles chez les *Angiopteris*, comme accumulations de substances sucrées; les stomates y sont plus grands et plus nombreux que sur la région supérieure du pétiole secondaire ou que sur le pétiole primaire. Je me suis assuré par un dosage comparatif que la zone externe de parenchyme contient beaucoup plus de sucres qu'un même poids de la zone externe du parenchyme pétiolaire. Cette proportion de sucres se réduit beaucoup quand la fronde a atteint son complet développement.

4° *Limbe.* — On a décrit un grand nombre de tissus à sucres localisés en certaines régions du limbe.

M. Dutailly a donné la description des tissus saccharifères non vasculaires chez les *Luffa* (1). M. Poulsen en a décrit de son côté la structure, ainsi que celle des nectaires extra-floraux du limbe chez les *Trichosanthes*, *Prunus Laurocerasus*, *Clerodendron*, *Diospyros*, *Bunchosia*, *Ailantus*, *Cassia*, *Inga*, *Hibiscus cannabinus*, *Gossypium*.

M. Reinke cite l'accumulation de substances sucrées dans les dents des jeunes feuilles chez le *Cratægus oxyacantha* et le *Ricinus*.

J'ai mis en évidence la présence des deux genres de sucres chez ces deux derniers tissus nectarifères. J'ai vu en outre que l'accumulation locale de sucres *disparaît complètement* chez ces deux espèces lorsque la feuille est développée.

Le *Cratægus* peut émettre au dehors un liquide sucré; je l'ai vu récolter par le *Bombus terrestris*. Je n'ai observé aucune émission de liquide sur les nectaires du limbe chez le *Ricinus;* ils diffèrent, entre autres, par ce caractère de ceux du pétiole.

5° *Toute la feuille.* — Toute la feuille peut être transformée en tissu nectarifère chez le *Sambucus Ebulus* (fig. 12). Il en est de même chez le *S. nigra*, d'après M. Poulsen.

3° Dans les stipules.

1. *Vicia.* — Les tissus nectarifères sont très-développés dans certaines régions des stipules chez beaucoup d'espèces de *Vicia*.

(1) Dutailly, *Sur les écailles glandulifères des* Luffa (*Bull. Soc. Linn. de Paris*, n° 6, mars 1875).

Fuckel (1) a montré qu'il s'y trouvait des papilles ovales courtement pédicellées ; mais c'est là seulement que se trouve la région de sortie pour le trop-plein liquide. Les tissus saccharifères sont bien plus étendus. Je décrirai plus spécialement le tissu à sucres dans les stipules du *Vicia sativa*.

On peut voir par la figure 5 quelle est, en surface, l'étendue des tissus où les sucres s'accumulent en abondance. On peut en outre reconnaître, en opérant sur une coupe longitudinale (fig. 6), que dans cette région les 5-8 assises de cellules vers la face inférieure sont riches en matières sucrées.

Dans la région spéciale qui se colore plus fortement par le tartrate cupro-potassique, on trouve vers la surface une réunion de poils et de papilles 2-3-cellulaires (fig. 6 et fig. 7) ; c'est par ces productions épidermiques que le liquide sucré peut être émis. La partie de la stipule qui relie cette région au pétiole est aussi très-riche en sucres. L'épiderme qui la recouvre diffère de celui qui se rencontre sur les parties non nectarifères de la stipule ; les cellules n'y présentent pas d'engrenages arrondis. Le tissu situé au-dessous des papilles est formé de cellules plus petites que le parenchyme général de la stipule (fig. 6).

J'ai mis en évidence la présence de la saccharose assez abondante et du glucose dans le nectar qui provient de ces tissus ; lorsque la feuille a presque atteint son développement complet, la stipule n'émet plus de trop-plein liquide, et les sucres sont moins abondants. Un grand nombre d'insectes récoltent le nectar produit (voy. page 64).

On trouve des tissus analogues chez les *Vicia Faba*, *V. sepium;* un emmagasinement moins localisé des sucres chez beaucoup d'autres espèces de *Vicia*, le *Phaseolus multiflorus* et plusieurs *Lathyrus*.

2. *Sambucus*. — D'après M. Poulsen, qui décrit les nectaires extra-floraux du *Sambucus nigra* (2), on ne devrait pas les con-

(1) *Bot. Zeitung*, 1846, n° 27.
(2) Poulsen, *loc. cit.*, p. 265.

sidérer comme pouvant remplacer des stipules ; la partie vasculaire située à la base ne ferait pas partie du nectaire ; le tissu à sucres serait uniquement constitué par l'émergence terminale; mais on trouve presque autant de sucres dans la partie basilaire qu'au sommet. Je ne puis donc accepter cette opinion, d'après la manière dont nous considérons les tissus nectarifères.

Dans le *Sambucus racemosa*, ces organes sont relativement plus développés ; le faisceau vasculaire s'épanouit au sommet en formant une sorte de sphère, et les dernières ramifications des vaisseaux vont s'éteindre en s'épanouissant au-dessous de la région terminale. L'épiderme est nettement différencié, à cellules plus grandes que le parenchyme interne.

Des organes analogues peuvent remplacer les stipules et aussi les stipelles chez le *Sambucus Ebulus*. On peut trouver tous les intermédiaires entre la stipelle sans nectaires et celle qui est complètement transformée (fig. 14).

En général, je n'ai jamais observé de liquide sucré sur les nectaires de *S. nigra* et *S. Ebulus;* j'ai trouvé (en Norwége) un liquide sucré très-abondant produit sur les nectaires extra-floraux du *S. racemosa*. Il était récolté par les Hyménoptères.

On trouve aussi des nectaires très-développés à la place des stipules chez beaucoup d'*Impatiens* (Caspary, Reinke). J'ai constaté la présence des sucres dans l'*I. parviflora*, et la visite des Hyménoptères chez l'*I. glandulifera*.

4° Dans les bractées.

Les bractées du *Sambucus Ebulus* sont aussi fréquemment transformées en nectaires (fig. 13). On en trouve quelquefois chez les *S. nigra* et *S. racemosa*.

M. Bocquillon (1) cite des bractées à nectaires chez certaines espèces de *Stachytarpheta;* M. Poulsen, chez le *Plumbago ca-*

(1) Bocquillon, *Monographie des Verbénacées*.

pensis (1) ; Crüger et M. Delpino, chez les *Ruyschia, Souroubea, Norantea, Marcgravia* (2). D'après M. Delpino, les bractées de l'involucre chez le *Centaurea montana* peuvent sécréter du nectar. J'ai constaté la présence des sucres accumulés dans le renflement vert médian de ces bractées. L'auteur italien signale aussi un tissu nectarifère sur les bractées de *Clerodendron fragrans*.

5° Entre la feuille et la tige.

On trouve plusieurs masses de tissus assez riches en sucres dans cette situation, chez l'*Allamanda neriifolia* (fig. 8). Chacun de ces corps est composé d'un parenchyme sans vaisseaux, avec un épiderme différencié, comme celui du *Ricinus*. Il peut y avoir quelquefois émission de liquide sucré au dehors.

M. Poulsen cite les accumulations sucrées situées entre la tige et le pétiole chez le *Polygonum cuspidatum* et le *Mühlenbeckia adpressa;* il donne la description détaillée de ces tissus (3).

6° Dans les sépales.

1° *Base du sépale.* -- On trouve les tissus sucrés développés à la base des sépales chez quelques Liliacées, par exemple chez les *Fritillaria*. Je renvoie à la description donnée pour les pétales, dont la structure est analogue.

2° *Limbe.* — M. Poulsen a décrit en détail des tissus nectarifères situés vers la face externe des sépales chez plusieurs Malpighiacées, l'*Hibiscus cannabinus*, le *Tecoma radicans*, la fleur femelle du *Luffa* et du *Trichosanthes* (4).

(1) Poulsen, *loc. cit.*, p. 254.

(2) Delpino, *Ulter. Osserv.*, loc. cit. — Darwin, *Fécondat. croisée*, loc. cit., p. 415. — Ces quatre genres appartiennent à la famille des Marcgraviacées.

(3) Poulsen, *loc. cit.*, p. 259, 260.

(4) Poulsen, *loc. cit.*, p. 268, etc. (v. aussi Reinke, *loc. cit.*). — Voy. Jussieu, *Monographie des Malpighiacées* (*Arch. du Mus. d'hist. nat.*, 1843, t. III, p. 33).

L'accumulation des sucres peut avoir lieu sur la face interne des sépales chez un très-grand nombre de Papilionacées. Mais alors elle se joint à une accumulation de substances sucrées dans d'autres parties de la fleur. J'ai constaté la présence de tissus saccharifères dans cette partie des sépales chez les *Genista anglica*, *Sarothamnus scoparius*, *Coronilla montana*, *C. minima*, *Trifolium pratense*, *Tilia silvestris*. En plusieurs cas, on voit apparaître de petites gouttelettes sur le tissu et beaucoup d'insectes peuvent venir les récolter.

M. Delpino signale l'extrémité des sépales de *Pæonia officinalis*, comme tissus à sucres (1).

3° *Recourbement du sépale*. — L'emmagasinement de sucre se fait en partied ans l'éperon du sépale chez les *Tropæolum*. C'est un des tissus nectarifères étudiés par M. Behrens dans son récent travail. Je renvoie le lecteur à ses descriptions (2).

7° Dans les pétales.

1° *Base du pétale*. — L'accumulation de matière sucrée peut se faire à la base du pétale dans des tissus dont la disposition anatomique varie beaucoup. S'il y a des ramifications vasculaires spéciales pour le tissu nectarifère, elles peuvent avoir leur bois tourné du côté de la face supérieure du pétale ou de l'autre côté. Ces ramifications vasculaires se terminent dans le tissu ou se prolongent au delà; enfin elles peuvent aussi manquer. Décrivons quelques-unes des structures les plus différentes.

1. *Fritillaria*. — On sait que la plupart des Liliacées emmagasinent les matières sucrées dans leur ovaire; le tissu nectarifère est ordinairement développé dans le voisinage des intervalles situés entre les carpelles. C'est ce que Brongniart a appelé glandes *septales*. Les espèces du genre *Fritillaria* ne présentent pas de glandes septales. J'ai pu m'en assurer en

(1) *Bull. entom.*, loc. cit., 1874.
(2) Behrens, *Flora*, loc. cit., 1878 et 1879.

faisant plusieurs coupes transversales de l'ovaire, à différentes hauteurs. En revanche, elles accumulent les matières sucrées à la base de la fleur et notamment à la base des sépales et des pétales.

Chez le *Fritillaria imperialis*, on trouve sur la face supérieure des six divisions florales, vers leur base, six excavations qui se distinguent par leur absence de pigment. Celles des sépales sont à contour elliptique, celles des pétales à contour presque circulaire.

Faisons une coupe longitudinale passant par l'axe de la fleur et le faisceau médian d'un pétale. Les cellules qui sont au-dessus du faisceau du pétale, entre lui et la surface de l'excavation, sont plus petites, sans pigment et sans chlorophylle. Quatre ou cinq faisceaux vasculaires se détachent du faisceau du pétale, sous un angle très-aigu (*n*, *n*, fig. 21), puis chacun va se perdre dans le tissu supérieur, où ses vaisseaux s'épanouissent en éventail. On peut voir par leur partie basilaire que le bois et le liber de chaque faisceau sont orientés comme ceux des faisceaux du pétale. Les cinq grands faisceaux qui passent au-dessous de l'excavation lui fournissent aussi un certain nombre de ramifications spéciales. D'autres, à peine différenciés, proviennent des plus petits faisceaux du pétale.

L'épiderme de l'excavation ne présente ni papilles, ni stomates. Les cellules sont à parois très-minces; c'est à travers ces parois que filtre le trop-plein liquide.

Entre l'excavation et les étamines se trouve un bourrelet proéminent vert, dont les cellules ne sont pas différenciées (*v*, fig. 21).

La réaction avec le tartrate cupro-potassique ne donne pas une coloration intense. Les cellules de l'excavation deviennent d'un jaune très-clair, à peine sensible. C'est surtout vers la base de la fleur qu'on aperçoit une coloration jaune foncé, spécialement autour des faisceaux. C'est qu'en effet le liquide émis en dehors par l'excavation nectarifère est à peine sucré. Il contient le plus souvent 93 à 95 pour 100 d'eau; aussi je n'ai jamais observé d'insecte récoltant ce nectar, et je n'ai trouvé la visite d'insectes pour cette fleur citée dans aucun auteur.

Dans le *Fritillaria nigra*, les cavités nectarifères sont moins différenciées, surtout celles des pétales. Par contre, le liquide peut être émis à la base des divisions florales, entre elles et les étamines, par des papilles courtes. Enfin, dans le *F. montana*, on ne voit plus ces excavations différenciées. Les pétales forment un coude, et vers la base l'accumulation de sucres se trouve *vers la face inférieure* du pétale. Elle s'étend jusqu'à la face supérieure, aux environs du coude formé par le pétale. Dans ces deux cas il y a aussi emmagasinement de sucres à la base de l'ovaire.

2. *Ranunculus*. — On sait que les pétales des *Ranunculus* sont munis d'une petite languette à leur base, du côté de la face supérieure. Dans le tissu qui se trouve entre les faisceaux vasculaires et l'espace qui sépare le pétale de la languette, s'accumulent les substances sucrées (fig. 16).

Considérons en particulier le *Ranunculus acris*. La languette est jointe au pétale latéralement (fig. 17); elle n'en devient tout à fait indépendante que dans la partie supérieure. Elle est munie d'un certain nombre de faisceaux vasculaires, dont le bois et le liber ne peuvent être distingués dans la partie supérieure, mais qui montrent à la base quelques trachées tournées vers les faisceaux du pétale auxquels ils se rattachent.

Le tissu qui se trouve compris entre les faisceaux de la languette et les faisceaux du pétale a des cellules dont les dimensions linéaires sont deux à trois fois plus petites que celles des parenchymes voisins.

L'épiderme placé en contact avec ce tissu nectarifère diffère par la forme de ses cellules de celui du pétale. Les parois des cellules sont très minces et permettent au trop-plein liquide de filtrer au travers, comme dans le *Fritillaria*.

La réaction directe sur la préparation est impraticable à cause de la coloration en jaune de toutes les parties du pétale; mais si l'on isole un certain nombre de bases de pétales et qu'on les pile dans l'eau, on obtient une dissolution sucrée A. Faisons de même avec la partie supérieure des pétales et formons-en une dissolution B, avec le même poids de tissu pour le même volume. Opérons de même avec les tissus qui sont au-dessous des étamines et des carpelles; nous aurons une dissolution C. On peut mettre en évidence la présence de saccharose et de glucose dans les dissolutions A et C; on n'obtient qu'un très-faible précipité indiquant la présence d'un peu de glucose pour la dissolution B. Ainsi il y a accumulation de sucres à la base de la fleur et à la base des pétales. C'est par cette dernière région que peut être émis un trop-plein liquide. Je n'ai trouvé en général qu'un volume peu considérable de nectar sur les pétales des différents *Ranunculus*.

En résumé, au point de vue anatomique, nous trouvons dans la disposition des faisceaux vasculaires une structure inverse de celle que présente l'excavation des pétales dans le *Fritillaria imperialis*. Mais cette orientation inverse du bois et du liber dans la languette des *Ranunculus* semble toute naturelle, si l'on rapproche la structure de la base du pétale dans ce genre, de celle que présentent pour la base du même organe les genres *Helleborus*, *Eranthis*, *Isopyrum*, qui appartiennent à la même famille.

On sait que, dans ces différents genres, les pétales sont contournés, comme si les deux bords du limbe s'étaient rejoints bout à bout, de façon à former une sorte de cornet. Parmi les espèces que j'ai étudiées (1), dont la structure des pétales est analogue, je décrirai plus spécialement celle que présente l'*Helleborus niger*.

3. *Helleborus*. — Les pétales recourbés en cornet présentent deux lèvres à la partie supérieure (fig. 20). L'une d'elles, située vers l'intérieur, est dans la même position que la languette du pétale chez les *Ranunculus*; l'autre, plus grande, corres-

(1) *Helleborus niger*, *H. fœtidus*, *H. viridis*, *H. atrorubens*, *Eranthis hiemalis*, *Isopyrum thalictroides*.

pond par sa position à la partie supérieure du limbe. Les vaisseaux partent tous du faisceau qui existe à la base dans le pétiole du pétale et divergent en faisceaux qui se répartissent dans le limbe. Une coupe transversale (fig. 18) montre que leurs bois sont tournés vers l'intérieur du cornet et leurs libers en dehors; cela permet de considérer le cornet comme formé par le limbe qui se serait replié, et dont les deux bords seraient soudés, comme dans un carpelle libre.

Le tissu nectarifère occupe le quart inférieur du pétale, entre les faisceaux et l'épiderme interne. Il est très-analogue à celui du *Ranunculus;* les cellules qui le forment sont aussi deux ou quatre fois plus petites en longueur que celles du parenchyme voisin (fig. 19). L'épiderme est analogue.

La réaction opérée avec le pétale tout entier plongé dans l'eau additionnée de liqueur de Fehling accuse d'une manière très-nette la limite de la région nectarifère. Le tissu situé sous les carpelles, les étamines et les pétales contient aussi beaucoup de sucres. Une section faite dans le pétiole d'un pétale donne par la réaction un précipité jaune intense dans sa partie vasculaire. Ainsi il y a une communication entre les sucres localisés dans les pétales et ceux qui sont emmagasinés dans le parenchyme du réceptacle.

J'ai constaté l'existence de saccharose abondante dans le nectar sécrété par cette espèce et par l'*Eranthis hiemalis;* on peut l'obtenir en beaux cristaux étoilés.

Si l'on compare deux coupes transversales faites à la base des deux pétales chez le *Ranunculus* et l'*Helleborus*, on peut voir que la seconde n'est autre chose que la première plus développée (fig. 17, 18). Nous avons vu que la languette dans le pétale de *Ranunculus* était rejointe au limbe des deux côtés de façon à former une petite fossette nectarifère. Le pétale de *Ranunculus* pourrait donc être aussi considéré comme ayant son limbe contourné à la base, comme dans l'*Helleborus*, mais sur une longueur beaucoup moindre.

L'étude des pétales dans le *Ranunculus auricomus* et dans les espèces du genre *Trollius* offre une série d'intermédiaires qui présentent tous les passages depuis la petite fossette du *R. acris* jusqu'au pétale presque entièrement contourné de la base au sommet de l'*H. fœtidus*. La série suivante d'espèces, par exemple, présente des pétales dont la partie contournée s'est de plus en plus accrue : *R. acris*, *R. bulbosus*, *R. auricomus* (1) (divers individus), *Trollius asiaticus*, *T. europæus*, *Eranthis hiemalis*, *Helleborus niger*, *H. fœtidus* (2).

2° *Recourbement du pétale.* — C'est quelquefois dans une région du limbe recourbée sur elle-même que se fait en partie l'accumulation de matières sucrées. Décrivons cette disposition dans le genre *Aconitum*.

Aconitum. — Faisons des coupes transversales et longitudinales à l'extrémité de l'éperon d'un pétale, chez l'*Aconitum Lycoctonum*. On aperçoit vers l'extrémité, à l'endroit où les faisceaux se recourbent en s'élargissant un peu, un tissu à petites cellules colorées en jaune plus intense. Les cellules de l'épiderme sont plus minces à cet endroit. Je n'y ai pas vu de stomates.

Mais ce n'est pas seulement dans ce tissu que se fait l'accumulation de sucres, comme pourrait le faire croire sa différenciation spéciale. Le tartrate cupro-potassique donne une coloration intense aux parties vasculaires qui vont de la base du pétale à l'éperon ; il donne une coloration encore plus intense à la partie basilaire des organes floraux. Le tissu différencié du pétale pourrait donc n'être considéré que comme la région par où sort, à un certain moment, le liquide sucré. La même remarque peut être faite au sujet du *Fritillaria* et des diverses Renonculacées dont nous venons de parler.

J'ai observé une structure analogue dans l'*Aquilegia pyrenaica* (3) (fig. 22) ; il y a une différence plus grande entre l'épi-

(1) M. H. Müller avait signalé ces intermédiaires pour le *R. auricomus* (voy. *loc. cit.*), mais il n'en décrit pas la structure interne.

(2) Les pétales dans les genres *Garidella* et *Nigella* ont une fossette relativement peu grande ; le limbe de la languette est très-développé dans sa partie libre.

(3) Et dans les *Acon. paniculatum*, *Aquilegia vulgaris*, *Aq. alpina*.

derme de la partie nectarifère et celui des autres portions du pétale.

L'accumulation de sucres peut aussi s'étendre en différentes régions des pétales chez beaucoup d'Orchidées, le *Galanthus nivalis*, plusieurs *Lilium*, etc.

8° Entre les sépales et les étamines.

Dans un grand nombre de genres à fleurs régulières, des familles appartenant à la classe des Thalamiflores, le tissu qui renferme les matières sucrées forme des organes différenciés entre les sépales et les étamines. J'ai étudié dans un but spécial un certain nombre de genres dans la famille des Crucifères et plusieurs espèces du genre *Geranium*, dont les nectaires offrent cette disposition. On en trouvera la description à la fin de la partie anatomique (voy. p. 144). On verra que la différenciation de ces tissus peut être considérable ou presque nulle, que les faisceaux spéciaux du nectaire peuvent se rattacher à celui du sépale ou de l'étamine; enfin, que la plupart de ces nectaires sont munis de stomates dans leurs parties proéminentes.

Je me bornerai à signaler ici deux types de nectaires situés comme ceux-là, mais qui en diffèrent par leur structure.

1. *Xanthoceras*. — La fleur du *Xanthoceras sorbifolia* présente cinq organes de couleur orangée, en forme de cylindres arqués, aussi larges que les étamines; ils sont situés entre les sépales et les cinq étamines externes, alternant, par conséquent, avec les pétales (fig. 23). Le tissu qui compose ces organes est riche en matières sucrées. Chacun de ces nectaires est excavé à la base en forme de gouttière, à sa face supérieure. Les parties qui entourent cette sorte de rainure se terminent par deux surfaces arrondies, à droite et à gauche de l'étamine opposée au nectaire (fig. 24).

Un faisceau très-peu différencié, formé de cellules étroites et allongées (fig. 27, 28), se sépare de la base du faisceau vasculaire staminal, et pénètre dans le nectaire (fig. 26). Il émet à la base deux branches à peine indiquées (l'une en *p*, fig. 26), qui vont se perdre dans les tissus proéminents à droite et à gauche de l'étamine opposée. Il y a indépendance entre les faisceaux du sépale (*sép.*, fig. 26) et ceux du nectaire (*nect.*, fig. 26). Si l'on voulait considérer ces organes comme dépendants d'un autre, ce serait plutôt aux étamines qu'il faudrait les rattacher; mais rien n'empêche de les considérer comme constituant eux-mêmes un organe autonome de la fleur, une feuille florale, si l'on veut, différenciée pour une fonction spéciale.

Le parenchyme est à cellules deux à quatre fois plus petites dans la partie cylindrique que dans la région basilaire. Il est coloré par des granules jaunâtres abondants, surtout dans le parenchyme périphérique.

L'épiderme est légèrement cuticularisé. Il est muni de nombreux stomates (fig. 25) qui sont proportionnellement d'autant plus abondants qu'on s'approche plus de la partie terminale. Il sont aussi un peu plus nombreux sur les deux proéminences basilaires. Ces stomates sont, pour ainsi dire, sans chambre sous-stomatique; c'est par eux que peut sortir le trop-plein liquide, sous certaines influences.

2. *Æsculus.* — L'*Æsculus Hippocastanum* présente au contraire une accumulation de matière sucrée dans un tissu à peine proéminent et sans trace de faisceau vasculaire spécial (*n*, fig. 29). C'est un bourrelet irrégulier, situé entre les enveloppes florales et les étamines. Il est symétrique par rapport à un plan, et son maximum de développement est situé à la partie postérieure de la fleur. On trouve, au-dessous de la partie excavée de ce bourrelet, un tissu à cellules 4-5 fois linéairement plus petites que celles du tissu sous-jacent (fig. 30). Il renferme, au moment de l'anthèse, beaucoup plus de matières sucrées que les parenchymes avoisinants.

9° **Dans les étamines.**

1° *Base de l'étamine.* — Un tissu spécialement riche en sucres peut se différencier à la base des étamines en des régions diverses. Le tissu nectarifère peut être situé entre le bois des faisceaux staminaux et la face supérieure interne ; il peut être situé entre le liber des faisceaux et la face inférieure externe. Il peut former ou non une saillie spéciale, plus ou moins marquée, sur une face ou sur l'autre.

1. *Mirabilis.* — Les filets des étamines sont cohérents à la base ; dans leur tissu, épaissi surtout vers l'intérieur, s'accumulent les substances sucrées. Dans le *Mirabilis hybrida*, par exemple, ce tissu, situé entre le bois des faisceaux et la face interne (fig. 32), est formé de cellules qui, par la forme, la grandeur et le contenu, diffèrent beaucoup des cellules situées entre le liber des faisceaux et la face externe. Elles ont des dimensions moins grandes dans le sens latéral (fig. 34), et se distinguent nettement par une forte coloration jaune. Il y a des stomates (fig. 33) de même dimension sur les deux faces de cette partie basilaire et dilatée des filets, mais ils sont beaucoup plus nombreux sur la face interne que sur la face externe. C'est d'ailleurs presque uniquement par cette face interne que sort le liquide sucré. Ces stomates sont situés à peu près au même niveau que les cellules épidermiques. Quant à l'épiderme, il diffère aussi sur les deux faces : celui de la face intérieure a ses cellules presque identiques à celles du tissu sous-jacent ; celui de la face externe a des cellules presque deux fois plus grandes et très-différentes de celles du parenchyme qu'elles recouvrent. Je n'ai pas trouvé de stomates sur la partie non dilatée des filets (1).

On verra que là encore la sortie du liquide, lorsqu'elle a lieu, se fait surtout par les ouvertures stomatiques.

Le liquide sucré émis en abondance au dehors par ce tissu à l'époque de l'anthèse est riche en saccharoses.

2. *Reseda.* — L'organe qu'on a décrit quelquefois sous le nom de disque, dans la fleur du *Reseda*, est un développement spécial du parenchyme sur la base commune des étamines. A l'inverse de ce qui se passe chez le *Mirabilis*, le tissu se différencie au contraire du côté de la face inférieure ou externe.

(1) J'ai observé une structure analogue dans le *M. Jalapa*, et une différenciation un peu moins accusée dans le *Bougainvillea spectabilis*.

Mais ici il proémine fortement au dehors, formant une dépendance spéciale nettement séparée des filets. Décrivons cette disposition dans le *Reseda odorata*.

Les cellules du parenchyme de la proéminence n'ont pas de moindres dimensions que celles des parenchymes voisins. Cet exemple nous montre déjà qu'on ne peut pas admettre comme règle générale que les tissus à sucres ont des cellules relativement petites.

Cette dilatation commune de la base du verticille staminal est symétrique par rapport à un plan, comme la fleur. Son maximum de développement est à la partie postérieure. La région terminale est munie, surtout vers la face supérieure, de papilles unicellulaires nombreuses. Je n'ai jamais observé la sortie du nectar par ces papilles. La face inférieure est riche en stomates, surtout vers la base. C'est précisément dans cette région, la plus riche en stomates (*n*, fig. 31), que se fait l'émission externe de liquide, lorsqu'elle a lieu. Cette production de liquide est abondante au moment de l'anthèse, et le nectar, très-sucré, est avidement recherché par les Hyménoptères, en particulier par les Abeilles.

Après la fécondation, ce tissu proéminent s'accroît encore ; mais le sucre s'en élimine peu à peu, retournant vers la base, tandis qu'il se forme dans le tissu des gouttelettes d'une matière jaune rougeâtre, huileuse. A ce moment, le fruit, en voie de développement, accuse pour le même poids une quantité de sucre beaucoup plus grande que le parenchyme en question (1).

Un tissu nectarifère occupe une situation analogue dans les cinq étamines externes du *Stellaria Holostea* (2). Le tissu différencié est peu étendu; il émet peu de nectar, dans nos régions (3).

(1) Les *R. Luteola* et *R. lutea* offrent une structure analogue. Dans les mêmes conditions, ils émettent moins de nectar, surtout le dernier. Le *Polanisia graveolens* a ce tissu déjà rouge orangé avant l'anthèse. Il contient moins de sucres.

(2) Structure analogue moins accusée dans le *St. graminea*, plus accusée dans le *Spergula arvensis*.

(3) Il n'en est pas de même en Thuringe (voy. Müller, *loc. cit.*).

2° *Recourbement du filet* (*Corydallis*). — Un tissu saccharifère peut être localisé dans une partie du filet recourbé sur lui-même. Citons par exemple le *Corydallis tuberosa*. On pourrait croire, à première vue, que la partie allongée qui se détache du filet et pénètre dans l'éperon du pétale est une ramification du filet; mais il n'en est pas ainsi.

Le faisceau staminal s'incurve en entier dans cette partie, se recourbe à l'extrémité et revient sur lui-même jusqu'au-dessous des anthères ; de façon qu'en coupe transversale, cette région de l'étamine logée dans l'éperon du pétale présente deux faisceaux dont les bois se regardent. C'est donc, pour ainsi dire, un éperon du filet (fig. 35, 36). L'extrémité de cet éperon présente en coupe transversale le faisceau arrivant de l'axe, entouré par des vaisseaux disposés en forme de fer à cheval (fig. 37); c'est-à-dire qu'en se recourbant, le faisceau se dilate à l'extrémité et s'épanouit en une surface contournée qui entoure la partie inférieure de son trajet; puis il se condense de nouveau et continue sa course récurrente jusque vers le connectif.

Les matières sucrées s'accumulent dans toute la longueur de l'appendice, aussi bien qu'à la base de la fleur et dans une sorte de partie renflée (*r*, fig. 35) qui dépend du parenchyme externe, à la base des pétales; mais lorsqu'un trop-plein liquide sort au dehors, c'est par l'extrémité de l'éperon staminal. Cette extrémité n'est pas formée de cellules à dimensions plus petites que celles qu'on trouve à la base de la fleur. L'épiderme *g* est formé de cellules arrondies subpapilleuses (fig. 38), à parois minces. Le liquide peut filtrer au travers. Je n'ai pas observé de stomates. Le tissu situé entre les faisceaux et l'épiderme a ses cellules riches en chlorophylle (1).

On verra plus loin que la disposition des tissus nectarifères, chez les *Asclepias*, peut être rapprochée de celle

(1) J'ai observé la même disposition dans le *C. lutea*. Dans le *Fumaria officinalis*, le contournement est moins prononcé, le tissu terminal moins différencié, l'exsudation de liquide moins grande. M. G. Capus (*loc. cit.*) a montré que certaines cellules du nectaire, chez le *C. lutea*, contenaient du tannin.

qu'offre le *Corydallis*, au point de vue de la disposition anatomique.

3° *Appendice du connectif* (*Viola*). — On trouve aussi un appendice staminal nectarifère chez les espèces du genre *Viola*; mais sa structure diffère complètement de celui des *Corydallis*. Dans le *Viola odorata* par exemple, une coupe longitudinale (fig. 39) montre que les faisceaux vasculaires qui pénètrent dans cet appendice ne sont pas formés par un recourbement du faisceau staminal à l'intérieur, mais sont des dépendances vasculaires de la base du connectif. Le large faisceau staminal continue sa marche, sans se détourner vers l'appendice. On a ici, en réalité, une dépendance de l'étamine (un lobe de la feuille staminale, si l'on veut), et non un éperon.

Une coupe transversale (fig. 40) montre les faisceaux vasculaires, distribués plus ou moins régulièrement, dont le liber entoure le bois presque également de tous les côtés.

En comparant les figures 35 et 39 d'une part, 36 et 40 d'autre part, on peut juger de la différence de structure des deux tissus staminaux.

Cet appendice du *Viola* se termine par des papilles munies elles-mêmes de renflements secondaires ; on y trouve aussi de nombreux stomates (1).

4° *Toute l'étamine* (*Collinsia*). — Nous verrons plus loin que, d'une manière générale, le tissu nectarifère se forme dans une dépendance des carpelles chez les Scrofularinées. Dans le *Collinsia bicolor*, ce nectaire manque complètement ; il y a bien accumulation de sucres à la base de l'ovaire, mais non dans un tissu spécial ; en outre, il n'y a jamais exsudation de nectar dans cette région.

En revanche, la cinquième étamine, qui est ordinairement complètement avortée chez les Scrofularinées, est représentée par un corps verdâtre, dans lequel vient s'épanouir un

(1) Structure analogue dans le *Viola canina*, moins prononcée dans le *V. tricolor*.

faisceau vasculaire (fig. 41 et fig. 42). Les cellules du tissu sont arrondies ; c'est par l'épiderme papilleux à cellules minces, sans stomates, que s'écoule le trop-plein liquide (1).

10° Entre les sépales, pétales ou étamines et les carpelles.

Un nombre considérable de familles, presque toutes les Caliciflores entre autres, réunissent des substances riches en saccharose, au voisinage des carpelles, dans des tissus plus ou moins isolés, plus ou moins différenciés, qui séparent ces organes des autres parties de la fleur.

Il serait beaucoup trop long de décrire en détail toutes les dispositions qui se présentent dans les différents genres des vingt familles que j'ai étudiées, où les nectaires sont ainsi situés. Je me bornerai à la description des structures les plus différentes et je signalerai seulement les autres.

1° *Entre la base commune des sépales, pétales, étamines, et les carpelles.*—1. *Amygdalus.*—Prenons, par exemple, l'*Amygdalus Persica*. Le tissu où s'accumulent presque exclusivement les sucres est très-nettement différencié. Il est situé entre les faisceaux qui parcourent la base commune des trois verticilles et la face intérieure de cette base commune. Les cellules sont de dimensions un peu plus petites que celles du parenchyme situé vers l'extérieur ; elles contiennent de nombreux granules colorés en rouge orange intense.

C'est surtout vers la face intérieure que ce tissu nectarifère présente une structure intéressante. De place en place, la surface s'enfonce en formant de petits entonnoirs, qui sont visibles même à un faible grossissement. Au fond de chacun de ces entonnoirs (fig. 44) se trouve un stomate à cellules relativement grandes. La chambre sous-stomatique est au contraire

(1) Dans l'*Anemone Pulsatilla*, l'accumulation de sucres à la base de la fleur s'étend jusqu'aux étamines extérieures, qui sont complètement transformées en tissu nectarifère, comme M. Delpino l'a signalé (*Ulter. Osserv.*). J'y ai constaté la présence de la saccharose.

très-petite; dans le tissu développé, je n'y ai pas observé d'air en général, mais du liquide.

L'épiderme est cuticularisé. La cuticule forme, sur toute la surface, des épaississements irréguliers qui convergent tous vers le stomate, en descendant sur les parois du petit cratère (voy. fig. 43, une structure analogue chez le *Prunus Mahaleb*). Ces lignes forment ainsi sur la surface, vue de face, une sorte de rayonnement autour d'un centre, qui rend encore plus visible la position des entonnoirs stomatiques.

Les stomates de l'épiderme situés sur la face extérieure de la base commune des trois verticilles ou sur les sépales n'offrent pas ces stries rayonnantes et ne sont plus enfoncés dans le parenchyme au fond d'un entonnoir (1).

J'ai prouvé par l'expérience (voy. *Partie physiologique*) que c'est uniquement par les entonnoirs à stomates que sort l'excès de liquide sucré entraîné au dehors par l'eau qui filtre à travers le tissu nectarifère.

Dans le *Prunus avium*, les stomates ne sont pas aussi enfoncés; dans le *P. Mahaleb* (fig. 43), ils le sont encore moins; ils offrent toujours des stries rayonnantes, tandis que ceux de la face externe n'en présentent pas. Ils sont plus petits que ceux de l'*Amygdalus* (les $\frac{2}{3}$ de la longueur en moyenne); en revanche, ils sont plus nombreux (2).

2. *Potentilla*. — On trouve dans les fleurs de la plupart des Rosacées un tissu nectarifère placé dans la même situation que celui des *Amygdalus;* mais la structure diffère souvent beaucoup de celle que nous venons de décrire. Je n'ai jamais observé chez les Rosacées ces stomates en entonnoir et à stries rayonnantes.

(1) J'ai observé les mêmes détails de structure chez l'*Amygdalus communis* et l'*Armeniaca vulgaris*.

(2) Les stomates sont encore plus nombreux et moins enfoncés dans le *Prunus spinosa*, et surtout dans le *P. domestica*. Dans cette dernière espèce, il y a, sur l'épiderme du nectaire, des poils minces par lesquels le liquide peut aussi sortir lorsqu'il est émis en grande abondance, comme je l'ai observé plusieurs fois.

Prenons, par exemple, le *Potentilla Fragaria*. Le tissu différencié forme un anneau en tronc de cône dont la surface interne est bombée (fig. 45). Les cellules ont un contenu réfringent, uniformément coloré en jaune et non muni de granules, comme chez l'*Amygdalus*. Elles ont une forme plus arrondie que celles du parenchyme avoisinant, mais leur dimension n'est guère moindre.

Il n'y a, pour ainsi dire, pas d'épiderme distinct ; les cellules de la dernière assise ne diffèrent pas sensiblement de celles sous-jacentes. Quelques-unes d'entre elles seulement forment de longs poils unicellulaires (fig. 46). Il n'y a pas de cuticule développée, pas de stomates (1).

Dans nos régions, l'émission externe de liquide sucré est très-faible chez cette plante. Plusieurs espèces du même genre (*P. Tormentilla*, *P. reptans*, *P. Anserina*) n'émettent presque pas de nectar ou même aucun nectar (en France). On peut constater la présence de saccharose et glucose abondants dans les tissus, même lorsqu'il n'y a aucune émission de liquide.

Dans le *Fragaria vesca* (fig. 47), le tissu qui correspond anatomiquement à celui que nous venons de décrire est à peine développé ; par contre, une accumulation très-grande de sucres se fait dans la partie renflée qui est au-dessous des carpelles (2).

Un tissu analogue est presque impossible à reconnaître dans le *Spiræa Ulmaria ;* il n'y a pas de différence entre les diverses couches de cellules dans le parenchyme de la base commune des trois verticilles externes. Le tartrate cupro-potassique montre cependant qu'il y a des matières sucrées dans les couches les plus voisines des faisceaux ; mais l'accumulation de sucres dans les carpelles eux-mêmes et à leur base est plus considérable.

(1) Structure analogue dans le *Potentilla verna ;* seulement le tissu nectarifère se prolonge jusqu'aux étamines en une mince couche de 2-3 assises de cellules.

(2) Il en est de même dans le genre *Rosa*, où l'anneau nectarifère est très étroit. Là, dans le renflement général de l'axe qui se recourbe sur lui-même, les sucres s'accumulent aussi au-dessous de la base des carpelles. Dans nos régions, l'émission de liquide au dehors est nulle ou presque nulle chez les espèces de ce genre.

Dans le *Rubus fruticosus*, au contraire, le tissu nectarifère est très-développé, l'émission de liquide au dehors très-abondante, avant la fécondation (1).

3. *Pirus*. — Chez toutes les Pomacées que j'ai étudiées, la structure du tissu à sucres, est pour ainsi dire intermédiaire entre celles qu'on trouve chez les Amygdalées et chez les Rosacées.

L'ovaire étant infère, la situation relative du tissu n'est pas tout à fait la même par rapport aux carpelles; mais c'est toujours dans le parenchyme intérieur, dépendant de la base commune des verticilles externes, que se produit la différenciation. L'épiderme est muni d'une mince cuticule, sans épaississements, à stries rayonnantes. Il possède des stomates non enfoncés (2).

J'ai pu constater que l'émission du nectar au dehors se faisait par ces stomates pour le *Cydonia vulgaris*.

C'est dans une situation anatomique analogue que se trouve une partie du tissu nectarifère chez les Onagrariées (3) et chez les différentes espèces du genre *Ribes* (4).

(1) Autres Rosacées observées :

Rubus Idæus, R. saxatilis, Spiræa salicifolia, Alchimilla vulgaris, Aphanes arvensis, tissus très-développés.

Agrimonia Eupatoria, Geum urbanum, Spiræa Aruncus, tissus plus ou moins développés; en général pas de nectar, dans nos régions. On voit que les tissus nectarifères les plus opposés comme différenciation peuvent se rencontrer dans un même genre (*Sp. Ulmaria* et *Sp. salicifolia*).

(2) Le *Malus communis* et le *Cydonia vulgaris* ont des tissus nectarifères analogues, verts; le tissu vert rougeâtre de l'*Amelanchier vulgaris* est formé d'un nombre moins grand de couches cellulaires, mais il s'étend plus en surface.

(3) La différenciation du tissu qui se trouve au-dessus de l'ovaire, chez la plupart des Onagrariées, peut être plus ou moins grande. Il y a dans ce tissu des faisceaux spéciaux à bois et liber orientés comme ceux des pétales, chez l'*Œnothera crassifolia, Œ. biennis, Gaura Lindheimeri*. Il a des dépendances vasculaires assez nettes, mais moins développées, chez l'*Epilobium spicatum, E. rosmarinifolium, E. Fleischeri;* un tissu beaucoup moins différencié dans les *Circæa lutetiana, Ep. hirsutum, E. montanum, E. alpinum*.

Chez toutes ces espèces, l'épiderme est en général muni d'une cuticule peu épaisse. Il a de nombreux stomates. Il y a accumulation de substances sucrées *dans tout l'ovaire*.

(4) J'ai étudié comparativement les *Ribes Grossularia, R. nigrum, R. alpinum, R. multiflorum, R. malvaceum, R. Gordonianum*. Le tissu nectarifère

2° *Entre la base commune des pétales, étamines et les carpelles.* — Le tissu nectarifère est placé de cette façon dans quelques familles de Corolliflores à ovaire libre. Il peut former des organes spéciaux très-différenciés (*Vinca*), constituer simplement une partie du parenchyme interne de la base commune des deux verticilles (*Gentiana*), ou présenter une disposition intermédiaire entre ces deux structures.

Parmi ceux qui apparaissent comme des organes distincts, par leur importance, la disposition de leurs faisceaux, leur situation par rapport aux autres organes de la fleur, il en est qu'on pourrait considérer comme des feuilles florales aussi bien qu'une étamine ou un carpelle. A ce point de vue, il est intéressant d'étudier comparativement la structure des nectaires dans les deux genres voisins *Vinca* et *Apocynum*.

1. *Vinca*, *Apocynum*. — Dans la fleur du *Vinca minor* on trouve deux masses chárnues jaunâtres, plus ou moins lobées, un peu plus grandes que les carpelles et alternes avec eux. C'est presque exclusivement dans ces deux corps que se fait une accumulation de substances riches en saccharoses et en glucoses (fig. 49).

Chacun de ces nectaires est formé d'un tissu à cellules arrondies, parcouru par des faisceaux vasculaires aussi développés et aussi différenciés que ceux des carpelles. Ces 8-15 faisceaux se ramifient en donnant des branches recourbées vers la face interne. Le bois de chaque faisceau est complètement entouré par le liber ; cependant vers la base d'un faisceau, on peut voir assez nettement que le liber est plus épais du côté externe, comme celui des faisceaux carpellaires (fig. 48).

Il serait impossible, en considérant le point d'insertion des faisceaux vasculaires, de chercher à rattacher ces nectaires à une autre feuille florale dont ils seraient une dépendance ; car

est profond, l'épiderme à papilles coniques très-développées chez le *R. Grossularia*, la réaction intense.

Il est au contraire peu différencié, sans papilles, à réaction peu nette, chez le *R. malvaceum ;* les autres structures sont intermédiaires.

ils se détachent en même temps que ceux des carpelles sans dépendre d'eux, ni de ceux des étamines. On pourrait être tenté de considérer les deux nectaires comme deux carpelles transformés. Les coupes transversale et longitudinale (fig. 48 et 49) font voir la situation de ces corps par rapport aux autres organes floraux, ainsi que la disposition des faisceaux vasculaires.

Dans le genre voisin *Apocynum*, où toutes les autres parties florales offrent les mêmes dispositions que dans le *Vinca*, les corps qui correspondent à ces nectaires ont une disposition différente. Dans l'*Apocynum venetum*, par exemple, c'est une sorte d'anneau renflé qui entoure les deux carpelles et dont cinq parties saillantes, externes, alternent avec les étamines (fig. 50). Chacune de ces proéminences nectarifères est munie d'un faisceau vasculaire très différencié (fig. 51), qui se trouve, par suite, opposé au faisceau du pétale. Ces faisceaux du tissu nectarifère s'insèrent sur les faisceaux de la corolle, à une grande distance de la bifurcation des faisceaux carpellaires et corollins. Ainsi on pourrait, en ce cas, considérer le tissu nectarifère comme constituant cinq organes qui dépendent des pétales. Les coupes transversale et longitudinale en font voir la disposition générale.

Si l'on compare les coupes de *Vinca* et d'*Apocynum* (fig. 48 et 50; fig. 49 et 51), on peut se rendre compte des différences que peuvent présenter les dispositions anatomiques des nectaires, dans deux genres voisins. C'est là un exemple intéressant qui montre quelle influence peut avoir l'accroissement en longueur de certaines parties florales sur la disposition des autres. Là où les étamines ont été soulevées avec les pétales par un grand accroissement intercalaire (*Vinca*), le tissu nectarifère se moule pour ainsi dire sur les carpelles et remplit l'espace qui reste libre entre eux et la corolle; il donne deux masses principales. Là où un semblable accroissement en longueur n'a pas eu lieu (*Apocynum*), le tissu nectarifère se développe dans l'espace resté libre entre les deux proéminences externes des carpelles et les cinq proéminences internes des filets staminaux, et forme cinq masses principales; il constitue un anneau à deux angles vers l'intérieur, s'avançant entre les carpelles, à cinq proéminences externes s'interposant entre les étamines.

J'insisterai plus loin sur plusieurs cas qui montrent à quel point la disposition anatomique des nectaires peut ainsi varier dans des genres voisins et même dans des espèces voisines.

2. *Phlox*. — Les différents genres de la famille des Polémoniacées ont des nectaires qui sont dans une situation analogue; mais ils sont moins différenciés que les précédents. Donnons en plus spécialement la description pour le *Phlox Drummondi*. Le tissu est formé par une sorte d'anneau denté qui entoure l'ovaire. Le parenchyme de ce tissu dépend de celui de la corolle. Il se forme cinq proéminences alternes avec les étamines.

Au milieu de chacune de ces proéminences (fig. 60), on voit quelques files de cellules à parois nettement plus épaisses, qui marquent un commencement de différenciation. Ces files de cellules plus épaisses, et souvent plus allongées, se rattachent aux faisceaux vasculaires de la corolle, comme les faisceaux des nectaires dans l'*Apocynum*. Le tissu nectarifère est coloré en jaune verdâtre; l'épiderme est incolore, muni de stomates dans les parties proéminentes (voy. fig. 60). C'est par ces portions saillantes que sort le trop-plein liquide.

Dans les *Leptosiphon densiflorus*, *Gillia multicaulis*, *Polemonium cœruleum*, on observe des tissus qui offrent une disposition semblable. Dans cette dernière espèce, l'anneau formé par le tissu saccharifère offre cinq proéminences externes alternes avec les étamines, et trois internes, alternes avec les carpelles. En suivant le développement, on voit que la différenciation de ce tissu est postérieure à celle des étamines et des carpelles; là encore le tissu semble s'être formé dans l'espace qu'il a trouvé libre entre ces organes.

3. *Daphne*. — La différenciation est encore moindre dans l'anneau nectarifère qu'on trouve à la même place dans les différentes espèces de *Daphne*.

Dans le *Daphne Laureola*, par exemple, il est constitué par un parenchyme homogène recouvert d'un épiderme distinct; il n'y a pas la moindre trace de différenciation vasculaire (1). La préparation traitée par le tartrate cupro-potassique montre que ce bourrelet interne accumule seul les sucres au moment de l'anthèse ; le bourrelet externe analogue, situé sous la fleur, ne change pas notablement de coloration, tandis que celui situé sous l'ovaire se teinte fortement en jaune rougeâtre.

3° *Entre les étamines et les carpelles.* — C'est ordinairement dans un tissu développé entre le tube staminal et l'ovaire que s'emmagasinent en majeure partie les sucres, chez les Papilionacées.

J'ai étudié en détail la disposition anatomique du tissu nectarifère dans vingt genres de cette famille. Je décrirai seulement les types les plus différents; je me bornerai à signaler brièvement la structure des autres.

1. *Vicia.* — Dans le *Vicia sativa* par exemple, on rencontre entre les étamines et l'ovaire un anneau nectarifère dont le maximum de développement est opposé à l'étamine libre (fig. 52, 53, 55).

Le commencement de différenciation vasculaire qu'on y perçoit (fig. 54) se rattache, en se recourbant, au faisceau de l'étamine qui est opposée à l'étamine libre. Ainsi, en ce point, le tissu nectarifère semble se rattacher uniquement au parenchyme du tube staminal; tandis que, plus loin, le bourrelet qui est moins proéminent dépend en partie du parenchyme carpellaire.

La coupe longitudinale générale (fig. 55) montre la position relative de cette languette et des autres organes floraux; la coupe spéciale (fig. 54) en fait voir la structure.

Le faisceau peu différencié qui s'y épanouit est formé de

(1) Dans le *Daphne collina*, le parenchyme est plus allongé; il dépend plus nettement de celui du périgone que de celui de l'ovaire. Dans le *D. Mezereum*, le tissu nectarifère s'étend plus loin en formant sur le périgone, au delà du bourrelet, une série de bosselures irrégulières.

cellules très-allongées; quelques-unes d'entre elles présentent des épaississements annulaires, indiquant un commencement de la formation des vaisseaux annelés. Le parenchyme qui sépare ce faisceau de l'épiderme est composé de cellules dont les dimensions sont de plus en plus petites à mesure qu'on s'approche de l'épiderme. Ce dernier, très-distinct, est au contraire formé de cellules deux fois plus grandes linéairement que celles de la couche immédiatement sous-jacente. Il est muni de stomates, en groupe serré, à la pointe de la languette, de quelques-uns vers l'intérieur, sur les parties les plus convexes (*st*, *st*, fig. 54). On trouve aussi des stomates sur toutes les parties du bourrelet où la courbure est très-forte (1). C'est de ces parties très-convexes du tissu que sort presque exclusivement le nectar, comme j'ai pu m'en assurer.

Une différenciation plus grande se produit dans l'anneau analogue chez les *Phaseolus*. Une coupe transversale du corps nectarifère qui entoure l'ovaire montre dix faisceaux à bois externe et à liber interne ; ces faisceaux dépendent des faisceaux staminaux comme ceux des *Vicia*, mais ils sont bien plus différenciés (2).

Au contraire, un anneau du même genre est d'une structure beaucoup plus simple chez le *Lathyrus pratensis;* on aperçoit à peine une légère différenciation des cellules venant du faisceau staminal, dans la région où le tissu offre un développement maximum. Des stomates arrondis sont nombreux aussi sur les parties saillantes (3).

Le développement de cet anneau nectarifère est très-réduit dans l'*Orobus tuberosus;* mais il occupe une large surface du côté de l'étamine libre. Cependant, dans la région opposée à cette étamine, si l'on examine avec attention les cellules du tissu, on peut y reconnaître encore une légère trace de différenciation qui rattacherait cette partie au faisceau staminal. Les

(1) J'ai trouvé une disposition voisine dans le *Vicia sepium*, où la languette est plus aiguë, à faisceau un peu moins différencié.

(2) D'après M. Van Tieghem (mss. inéd.).

(3) *Lathyrus heterophyllus*, tissu relativement plus développé.

stomates, sans être relativement plus grands, sont moins nombreux que dans les espèces précédentes (1).

2. *Robinia.* — Dans certains genres de Papilionacées qui ont aussi les étamines diadelphes, un pareil bourrelet nectarifère très-proéminent peut manquer. Il ne faudrait pas croire pour cela que l'accumulation de sucres au voisinage de l'ovaire ne peut pas être considérable chez ces plantes. Le tissu nectarifère occupe alors tout le parenchyme situé entre les faisceaux des étamines, les faisceaux des carpelles et la surface extérieure, sur une surface parfois assez grande.

C'est ce que montre la coupe longitudinale générale faite dans la fleur de *Robinia Pseudacacia* (fig. 58). On voit que le tissu saccharifère occupe une grande longueur de parenchyme à la base des carpelles; on exprime ce fait, en botanique descriptive, lorsqu'on dit que le *Robinia* a l'ovaire pédicellé.

Sous certaines influences extérieures, l'eau qui traverse ce tissu se charge abondamment de sucres et vient sortir au dehors en formant un nectar qui est très-recherché par les Hyménoptères. Là encore c'est d'abord sur les parties saillantes qu'on voit perler le nectar. C'est aussi sur ces mêmes parties qu'on trouve les stomates (voy. fig. 59).

Ce n'est pas seulement dans ce tissu que se trouvent les sucres, car le traitement par le tartrate cupro-potassique donne immédiatement un précipité jaune assez intense dans les cellules des autres parties florales (sauf la corolle et la partie

(1) J'ai trouvé dans les espèces suivantes, à étamines diadelphes, un bourrelet analogue ; le maximum de développement est toujours opposé à l'étamine libre, les stomates situés dans les parties proéminentes :

Cracca major, *Ervum tetraspermum*, tissu assez différencié.

Medicago falcata, *M. sativa*, *Trifolium incarnatum*, *T. pratense*, *T. repens*, moins différenciés au point de vue vasculaire ; stomates relativement très grands dans le *Trifolium*.

Medicago Lupulina, *Melilotus arvensis*, *M. officinalis*, *M. alba*, assez différenciés ; stomates relativement grands et nombreux, surtout dans la dernière espèce.

Onobrychis sativa, région nectarifère moins accusée, mais plus étendue.

Lathyrus Aphaca, *Ornithopus perpusillus*, développement beaucoup moindre.

supérieure du tube staminal). Mais le réactif et une analyse par dosage montrent que la quantité de saccharose qui s'accumule dans le tissu dont je viens de parler est beaucoup plus considérable que celle qui se trouve dans les tissus voisins, au moment de l'anthèse.

On rencontre une disposition voisine de celle-là, mais moins nettement accusée, chez le *Lotus corniculatus* (1).

3. *Cytisus*. — Chez les Papilionacées qui ont les étamines monadelphes, on observe plutôt une tendance inverse de celle du premier type, dans la manière dont se distribuent les matières sucrées. Le maximum de développement s'accuse généralement du côté de l'étendard et non du côté de la carène.

Décrivons cette disposition dans le *Cytisus Laburnum*.

L'accumulation de sucres se fait à la base du tube staminal, qui présente un renflement, surtout dans son parenchyme *extérieur*. Une coupe passant par le plan de symétrie de la fleur (fig. 56) montre l'inégalité de ce développement, qui présente son maximum du côté de l'étendard, c'est-à-dire du côté qui correspond à l'étamine libre des Papilionacées à étamines diadelphes.

Ce tissu est à cellules beaucoup moins allongées que celles des autres partie du tube staminal. Son épiderme est aussi très-différent, comme le montre la figure 57, *c'*. Je n'y ai pas trouvé de stomates. Dans nos régions, l'exsudation liquide au dehors est nulle ou réduite à de toutes petites gouttelettes microscopiques.

J'ai dit plus haut (voy. page 45) que dans l'*Ulex europæus*, le *Sarothamnus scoparius*, il existe un tissu analogue, moins nettement distinct au point de vue anatomique, mais tout aussi riche en sucres, comme le montre l'analyse chimique (2). Dans ces deux espèces, le liquide sucré monte par de très-petites gouttelettes sur la face externe du tube staminal, surtout vers la base. Dans le *Sarothamnus*, il y a aussi accumulation de

(1) Id., *Lotus major*, *Tetragonolobus siliquosus*, *Galega officinalis*.
(2) Voyez plus haut l'indication contraire de M. H. Müller (page 45).

sucres dans les sépales et parfois émission de petites gouttelettes à leur face interne (1).

Un anneau formé par un tissu serré occupe une situation analogue à celui des Papilionacées diadelphes, entre les étamines et les carpelles, chez le *Pæonia*. Dans les deux espèces (2) que j'ai observées, j'ai pu constater qu'il renfermait plus de sucres avant la fécondation qu'après. Je n'ai observé aucune émission de liquide au dehors. Ce tissu possède des faisceaux aussi différenciés que ceux des étamines et des carpelles entre lesquels il se trouve placé. Le bois et le liber y sont orientés de même que dans ces organes.

11° Dans les carpelles.

C'est dans un tissu dépendant du parenchyme carpellaire que se localisent les sucres dans le plus grand nombre des fleurs.

Presque toutes les Caliciflores et les Monochlamydées à ovaire infère, la plupart des Corolliflores et des Monocotylédonées, ont leurs tissus saccharifères floraux situés de cette façon. Nous avons vu, en outre, que le parenchyme des carpelles contribue en grande partie déjà à la formation du tissu nectarifère, dans presque tous les cas qui précèdent. Quand le nectaire était localisé dans d'autres organes, il était généralement relié à une accumulation de sucres située dans l'ovaire ou à sa base.

Le tissu nectarifère peut se développer en diverses régions des carpelles. Examinons successivement les divers cas qui peuvent se présenter; citons pour chacun d'eux les exemples qui présentent les structures les plus différentes.

1° *Base des carpelles*. — Ce cas se présente dans le plus

(1) Structure analogue chez les *Genista sagittalis*, *G. anglica*, *Spartium junceum*, *Calycotome spinosa*, toujours un développement un peu plus grand du tube staminal, du côté de l'étendard.

(2) *P. officinalis*, *P. albiflora*.

grand nombre des Corolliflores à ovaire libre, dans les Crassulacées, etc.

Souvent le tissu nectarifère forme des saillies spéciales munies de faisceaux vasculaires différenciés. La disposition de ces organes par rapport aux autres organes de la fleur peut varier beaucoup. Je citerai quelques-uns des exemples les plus frappants.

1. *Borraginées*. — Dans presque toutes les fleurs de cette famille, on trouve à la base de l'ovaire un tissu spécial qui forme quatre parties plus proéminentes, superposées aux proéminences des carpelles. Je prendrai pour type le *Pulmonaria officinalis*, et j'indiquerai rapidement les modifications qu'il subit dans les différents genres de la famille.

Dans la fleur de *Pulmonaria officinalis* on trouve quatre nectaires blanchâtres placés sur le côté externe et basilaire des quatre divisions apparentes de l'ovaire, à peine réunis entre eux à la base. Ces masses de tissu nectarifère sont souvent un peu plus séparées à la limite des deux carpelles que près du sillon qui divise en deux chaque carpelle (fig. 61) ; mais ce fait varie quelquefois avec les individus observés.

Chacun de ces nectaires reçoit des faisceaux vasculaires qui s'y bifurquent en formant 10-12 faisceaux distincts (fig. 62 et 64), lesquels s'épanouissent eux-mêmes en éventail à la partie supérieure du tissu. Ces faisceaux rejoignent ceux qui se dirigent vers les carpelles, au-dessus de la jonction de ces derniers avec les faisceaux de la corolle ou des étamines (fig. 63). On peut voir nettement, surtout à leur base, qu'ils ont leurs trachées tournées vers l'intérieur ; c'est-à-dire que leur bois et leur liber sont orientés comme ceux des carpelles.

Les figures 61, 62, 63, 64, 65, montrent l'aspect de ces nectaires, leur position par rapport aux autres organes, leur structure interne. Les cellules du tissu nectarifère ne sont pas plus petites que celles du parenchyme de l'ovaire ; l'épiderme est nettement différencié : on y trouve des stomates dans les parties où la courbure est très-prononcée.

La disposition est analogue dans le *Borrago officinalis*,

quoique un peu moins nette (fig. 67). Les pétales présentent un renflement à leur base et un appendice intérieur vers le milieu. Ces parties ne contiennent pas de sucres accumulés. La partie basilaire renflée (fig. 66) met presque complètement obstacle à l'émission latérale du trop-plein liquide, de façon que le nectar suinte entre les carpelles et reste souvent condensé en gouttelettes à la base du style (1).

Ce tissu spécial peut être moins développé. Dans le *Nonea flavescens*, c'est un bourrelet blanchâtre continu, mais présentant des maxima de développement opposés aux proéminences carpellaires. On peut même reconnaître une ébauche de différenciation vasculaire à la base de chacune de ces quatre parties.

Dans le *Lycopsis arvensis*, le bourrelet nectarifère est beaucoup plus réduit et n'offre plus trace d'une différenciation interne en quatre parties. Il est tout à fait réduit dans les *Myosotis* (2), et enfin absolument nul dans les *Lithospermum* (3).

Mais l'emmagasinement des sucres n'est pas supprimé pour cela. Dans le *Lithospermum arvense*, par exemple, il se fait une réserve de sucres dans les parenchymes dilatés à la base des organes floraux, et aussi dans les parois des carpelles, entre leurs vaisseaux et leur face externe. On voit même, aux environs de l'anthèse, le nectar qui perle en gouttelettes par la face externe de l'ovaire.

2. *Labiées*. — Dans la famille des Labiées, où l'ovaire offre exactement la même structure que dans les Borraginées, le tissu nectarifère montre une disposition différente. Au lieu d'être *opposés* aux proéminences carpellaires, les maxima de développement de ce tissu sont en général *alternes* avec elles (comparez fig. 65 et 70). En outre, comme la fleur est symé-

(1) J'ai observé un tissu vasculaire aussi différencié ou presque aussi différencié en quatre parties vasculaires superposées aux proéminences carpellaires chez les espèces suivantes : *Symphytum officinale*, *S. tuberosum*, *Anchusa sempervirens*, *A. officinalis*, *A. ochroleuca*, *Echium vulgare*.

(2) Espèces observées : *Myosotis intermedia*, *M. versicolor*, *M. palustris*, *M. silvatica*.

(3) Espèces observées : *L. officinalis*, *L. arvense*.

trique par rapport à un plan, cette symétrie est aussi celle du tissu nectarifère, dont la partie antérieure est en général plus développée et plus différenciée que les parties latérales. Le développement moindre de ces dernières pourrait être rapproché de leur situation opposée aux étamines; tandis que les autres proéminences du tissu sont alternes avec elles ou opposées à une étamine avortée. En même temps que le sépale et les deux pétales antérieurs prennent un développement plus considérable, la partie antérieure du tissu nectarifère s'accroît davantage aussi.

Je prends pour type le nectaire du *Salvia lantanifolia* que je vais décrire; j'indiquerai les modifications qui se présentent dans les autres genres que j'ai étudiés.

Dans la fleur de ce *Salvia*, on trouve à la base de l'ovaire quatre proéminences blanchâtres, alternes avec les quatre parties saillantes des carpelles (fig. 68), réunies à leur base par un tissu également blanchâtre. La languette antérieure s'élève presque à la hauteur des carpelles; celle située postérieurement est moins haute; les deux latérales sont beaucoup moins prononcées.

Cette partie antérieure, la plus développée, forme une sorte de lame dilatée transversalement, qui se rattache sur presque toute sa longueur au tissu du carpelle; elle n'est libre qu'à sa partie tout à fait supérieure. Elle reçoit trois faisceaux vasculaires qui se détachent au-dessus de ceux de la corolle et des étamines (fig. 69). Ces vaisseaux sont très différenciés (fig. 71). Ils présentent des trachées vers la face intérieure du liber, et des fibres libériennes vers la face externe. Ils sont donc orientés, ainsi que chez les Borraginées, comme ceux des organes voisins. La languette postérieure présente un court faisceau à la base (fig. 69). On peut observer un commencement de différenciation beaucoup moins marqué à la base des deux languettes latérales. Quant au parenchyme nectarifère, il est formé de cellules *plus grandes* que celles du parenchyme carpellaire: c'est un nouvel exemple qui montre que les tissus nectarifères ne sont pas toujours à cellules plus petites que celles des tissus voisins. L'épiderme est très-distinct, muni de stomates dans les parties terminales.

Chez le *Marrubium vulgare*, les quatre parties nectarifères alternes avec les proéminences des carpelles sont presque égales (fig. 72) et très-distinctes ; elles présentent chacune, à la base, l'indication d'un faisceau vasculaire spécial (fig. 73). La régularité est encore plus complète dans le *Mentha aquatica*, mais les parties saillantes sont moins nettes.

Au contraire, dans l'*Ajuga reptans*, où les parties antérieure et postérieure de la fleur ont un accroissement si différent, l'inégalité des quatre parties du nectaire est poussée jusqu'à la dernière limite (fig. 74). La partie antérieure existe pour ainsi dire seule ; elle s'unit au carpelle jusqu'à plus des deux tiers de sa hauteur et en reçoit de nombreux faisceaux.

Dans le *Rosmarinus officinalis*, les proéminences sont peu marquées, quoique le tissu nectarifère soit très-développé.

Enfin le bourrelet nectarifère est presque nul dans le *Melittis Melissophyllum* (1).

L'émission externe de liquide, à une certaine époque du développement, a lieu dans un grand nombre de Labiées. Lorsque la sortie du liquide commence à se produire, les premières gouttelettes apparaissent là encore sur les parties saillantes du tissu ; c'est en ces points que se trouvent les stomates.

(1) Autres Labiées observées : *Thymus Serpyllum*, *T. vulgaris*, partie antérieure très-développée, très-vasculaire ; *Ballota fœtida*, *Betonica officinalis*, *Galeobdolon luteum*, *Lamium album*, *Brunella vulgaris*, *B. grandiflora*, analogues à *Salvia lantanifolia*.

Galeopsis pubescens, *Lamium maculatum*, *L. purpureum*, partie antérieure un peu moins développée que dans les genres précédents ; faisceaux nets, en général, à la base.

Teucrium Scorodonia, *T. Chamædrys*, analogues à *Marrubium*, moins développé dans la dernière espèce.

Lycopus europæus, *Mentha arvensis*, *Origanum vulgare*, analogues à *Mentha aquatica*.

Glechoma hederacea, faisceaux vasculaires très-développés. En apparence, le tissu est à proéminences peu marquées entre les saillies carpellaires. La languette antérieure est bilobée. L'étude de la structure interne montre une alternance des faisceaux principaux avec les saillies carpellaires.

La réaction directe avec le tartrate cupro-potassique est souvent difficile avec les préparations, qui brunissent quelquefois très-rapidement à l'air. Elle est d'une netteté très-remarquable dans l'*Ajuga reptans*. Parfois, du reste, la localisation des sucres dans ce tissu spécial n'est pas complète; il se fait aussi une accumulation abondante des sucres dans les carpelles eux-mêmes (*Salvia*, *Melittis*, *Mentha*) (1).

3. *Scrofularinées.* — Chez la plupart des Scrofularinées et des Orobanchées, le tissu nectarifère occupe une situation analogue à celui des Labiées; mais ici la capsule ne présentant pas quatre parties saillantes, le tissu forme un anneau symétrique par rapport à un plan, régulièrement décroissant d'avant en arrière. C'est ce qui se produit dans le *Digitalis purpurea*, par exemple.

La partie antérieure peut être relativement peu développée, comme dans l'*Erinus alpinus* et les *Veronica*. Elle peut, au contraire, exister seule en prenant un grand accroissement, comme dans le *Melampyrum*, cas qui correspond pour les Scrofularinées à celui de l'*Ajuga* pour les Labiées.

Le nectaire du *Melampyrum pratense* (fig. 75) forme un corps jaune très-développé, recourbé sur lui-même, muni de forts faisceaux vasculaires très différenciés, à bois tourné vers la face supérieure. En suivant le développement, on voit la différenciation de ce tissu s'indiquer un peu après celle de l'ovaire; plus tard c'est un corps droit, à cellules médianes allongées, placé au-dessous des deux proéminences cellulaires qui formeront les anthères antérieures. Ensuite il se recourbe en se dirigeant vers le bas, tandis que ses tissus se différencient de plus en plus et forment en son milieu des vaisseaux qui vont se rattacher à ceux du carpelle.

Chez le *Lathræa Squamaria*, une formation analogue se trouve en avant de l'ovaire: c'est une sorte de lame très-développée transversalement, munie de nombreux faisceaux vas-

(1) Dans le *Verbena officinalis*, le parenchyme des carpelles est renflé à la base et nectarifère; mais il n'y a pas un tissu nettement localisé. Le maximum de développement est faiblement indiqué dans la partie antérieure.

culaires (40 à 50) très-différenciés ; ils se joignent à ceux du carpelle antérieur, comme dans le cas précédent.

Dans presque tous les nectaires dont il vient d'être question, j'ai pu constater la présence de stomates dans les parties saillantes. Il n'en est pas de même pour les tissus nectarifères d'un grand nombre de *Veronica*. Ces nectaires auraient pu être placés dans le paragraphe précédent, car leur parenchyme se rattache quelquefois un peu à celui de la corolle et aucun vaisseau ne rejoint ceux des carpelles.

Chez le *Veronica Chamædrys* (fig. 78), le tissu ne présente pas de différenciation intérieure. L'épiderme est muni de courtes papilles (fig. 81). Ces poils unicellulaires de la surface nectarifère sont plus marqués dans le *V. arvensis*, deviennent bicellulaires dans le *V. serpyllifolia* (fig. 80), 2-3-4-cellulaires dans le *V. prostrata* (fig. 79).

J'ai pu constater que le nectar sort par ces papilles, pour la plus grande partie ; au moins au commencement de la sortie du liquide. Dans le *V. agrestis*, le bourrelet nectarifère est presque nul. Il l'est complètement dans le *Collinsia bicolor*, comme je l'ai dit plus haut (voy. page 111).

Le tissu saccharifère est relié à l'ovaire d'une façon beaucoup plus intime chez les Orobanchées. Chez l'*Orobanche Rapum*, par exemple, le parenchyme est nectarifère dans toute la base de l'ovaire ; trois parties saillantes, une antérieure et deux latérales, reçoivent des faisceaux peu différenciés. Les cellules sont très-petites, à parois minces ; l'épiderme à peine distinct des couches sous-jacentes.

Dans la plupart des Solanées, les matières sucrées se répartissent plus ou moins dans le parenchyme de l'ovaire, souvent sans donner lieu, en aucun cas, à une émission de nectar au dehors. Cette production de liquide a cependant lieu chez le *Lycium barbarum*, où le tissu nectarifère est nettement localisé dans la partie basilaire du parenchyme carpellaire (1).

(1) Autres espèces observées : *Antirrhinum majus, Linaria vulgaris, L. Cymbalaria, Bartsia alpina, Odontites rubra, Mimulus guttatus*, analogues à *Digitalis; Orobanche Épithymum, O. Galii*, tissu moins différencié que chez *O. Rapum*.

4. *Convolvulus.* — L'anneau nectarifère qui entoure la base de l'ovaire, chez les Convolvulacées, représente pour ainsi dire celui des Scrofularinées régularisé. Décrivons plus spécialement cette formation dans le *Convolvulus arvensis.*

Si l'on ne s'en tenait qu'à l'apparence extérieure, on pourrait croire que ce tissu est formé régulièrement en cercle, autour de l'ovaire. A l'extérieur, le parenchyme proémine un peu, formant cinq saillies peu prononcées, alternes avec les étamines (1) ; mais la distribution des nombreux faisceaux qui le parcourent offre une symétrie en rapport avec celle des carpelles.

La figure 83 fait voir cette disposition qui permettrait de rapprocher ces corps des nectaires de Borraginées ou de ceux des *Vinca,* si l'on veut. Les faisceaux se rattachent à ceux des carpelles ; leur bois est tourné vers l'intérieur (ce qui est plus net dans le *Calystegia sepium* (fig. 82). Ici encore les stomates sont très-nombreux dans les parties du tissu où la courbure est très-prononcée. Le parenchyme situé entre le liber des faisceaux du nectaire et l'épiderme de la face externe est coloré fortement par un pigment jaune.

Il n'y a pas de bourrelet analogue dans le *Cuscuta.* La base de l'ovaire est une réserve de sucre, comme dans le *Lycium;* au-dessous de l'ovaire et dans le pédoncule, se trouve aussi une abondante réserve de sucres et d'amidon (2).

5. *Erica.* — L'emmagasinement des sucres à la base de l'ovaire se fait chez les *Erica* dans un tissu dont la forme diffère assez des précédents.

Dans l'*Erica multiflora,* par exemple (fig. 84, 85), on remarque un anneau de tissu nectarifère qui produit huit protubérances dirigées en bas. Les étamines contournent ces saillies avant de se diriger vers le haut. Chacune de ces proéminences correspond à une côte de l'ovaire ; elles sont deux à deux, un peu plus rapprochées des étamines du premier verticille que de celles du second.

(1) Ces proéminences sont plus marquées dans le *Convolvulus althæoides*

(2) Espèces observées : *Cuscuta major, C. Épithymum.*

Le tissu est formé de petites cellules colorées en jaune (1); je n'y ai pas trouvé de faisceaux vasculaires. L'épiderme est fortement cuticularisé et muni d'épaississements de la membrane vers l'extérieur.

Le *Calluna vulgaris* présente une forme intermédiaire entre l'anneau de l'*Erica* et celui des *Convolvulus*. On trouve au milieu quelques cellules plus allongées qui indiquent un léger commencement de différenciation. Le nectaire est plus isolé du tissu des carpelles, plus développé par rapport à la grandeur de l'ovaire.

6. *Cardwellia*. — Chez les Protéacées, il existe dans un certain nombre de fleurs (2), à la place du carpelle qui manque pour compléter le diagramme binaire, un nectaire quelquefois assez développé. Dans le *Cardwellia longifolia* par exemple, c'est un corps jaunâtre semi-circulaire, muni de faisceaux vasculaires peu différenciés, 2-3-furqués, qui viennent s'insérer exactement entre ceux des carpelles et ceux de la corolle (fig. 86). Ces faisceaux sont entourés par un parenchyme à petites cellules; l'épiderme est dépourvu de ces poils tabulaires qu'on rencontre sur les autres parties de la plante.

Ainsi donc la structure de l'organe adulte ne montre pas qu'il dépende de l'autre carpelle; on pourrait être tenté par là de le considérer comme représentant un second carpelle, qui compléterait le diagramme. Mais, si l'on suit le développement de la fleur de *Cardwellia*, on voit d'abord au centre une masse cellulaire unique; ce n'est que plus tard qu'il se différencie, du côté postérieur, un bourrelet cellulaire qui n'occupe environ que la dixième partie de la section du premier. Il faut donc renoncer à cette interprétation; elle n'est, du reste, nullement appuyée sur la comparaison de la structure florale, chez les différents genres des Protéacées. L'étude même du développement montre qu'on doit considérer ce tissu comme dépendant surtout du parenchyme du carpelle.

(1) En vert dans l'*Erica carnea*.

(2) Dans les genres *Cardwellia*, *Grevillea*, *Hakea*, etc. Dans d'autres genres, il existe quatre nectaires alternes avec les étamines (*Protea*, *Banksia*).

On trouve un tissu nectarifère très-développé à la base des carpelles chez beaucoup de Crassulacées. Chez le *Sempervivum tectorum*, par exemple (fig. 87, 88), c'est un tissu à petites cellules, sans faisceau spécial, muni de stomates dans les parties saillantes. C'est encore à la base de l'ovaire que se fait en majorité l'accumulation de saccharose et de glucose dans les *Ruta graveolens*, *Ampelopsis hederacea*, *Vitis vinifera* (1), et dans la plupart des Silénées. On ne peut pas reconnaître la présence de différenciation vasculaire dans le tissu nectarifère de ces plantes. Chez les Silénées, *Silene inflata* en particulier, l'emmagasinement des sucres se fait aussi dans toutes les autres parties de l'ovaire, et le trop-plein liquide peut sortir aussi bien par l'ovaire même que par le gynophore (2).

Chez les Lythrariées (*Lythrum Salicaria*, *L. hyssopifolium*), le tissu nectarifère est profond, situé à la base de l'ovaire, muni de très nombreux stomates.

2° *Recourbement des carpelles*.—Chez certains genres de Scrofularinées, on trouve dans le tissu nectarifère, une structure pour ainsi dire intermédiaire entre une simple dépendance vasculaire du parenchyme carpellaire et un véritable éperon du carpelle; c'est-à-dire qu'une partie des vaisseaux se contourne dans le tissu et revient sur elle-même presque au point de départ, tandis que l'autre partie continue son chemin directement. On voit nettement cette disposition dans la figure 77, qui représente la jonction des faisceaux du nectaire avec ceux du carpelle, chez le *Rhinanthus minor*.

(1) Payer dit que, dans le *Vitis vinifera*, les nectaires forment un verticille. Il est impossible de considérer comme des feuilles florales cinq proéminences cellulaires qui se forment à la base du parenchyme de l'ovaire et se différencient après les carpelles.

(2) M. G. Capus a étudié les tissus nectarifères situés à la base des carpelles dans le *Phacelia integrifolia* (Hydrophyllées), *Hebenstreitia tenuifolia* (Sélaginées), *Eranthemum barbinerve* (Acanthacées). Celui du *Phacelia* forme un anneau muni de deux cercles concentriques de stomates; la structure du nectaire d'*Hebenstreitia* se rapproche de celle du *Bartsia*. Le tissu différencié irrégulier qui entoure la base de l'ovaire dans l'*Eranthemum* est moins développé.

Les trachées se regardent dans les trois groupes de vaisseaux *a*, *b*, *c*. Dans un vrai éperon, la partie *a* manque (*Corydallis*, par exemple); dans une simple dépendance du parenchyme, c'est la partie *b* qui fait défaut (*Salvia*, par exemple).

Chez le *Scrofularia aquatica*, cette disposition présente des variations dans le même nectaire et suivant les divers individus.

3° *Partie supérieure des carpelles.* — Dans un certain nombre de familles à ovaire infère, les sucres se réunissent dans le parenchyme carpellaire, à sa partie supérieure, dans un tissu plus ou moins différencié, à épiderme le plus souvent muni de nombreux stomates. Je décrirai quelques-uns des types de structure les moins semblables, où le tissu nectarifère occupe cette situation.

1. *Ombellifères.* — Prenons en particulier le *Ferula tingitana*, pour indiquer ensuite brièvement les modifications qui se présentent dans les autres genres.

Dans cette espèce, presque toutes les parties latérales et supérieures des carpelles (sauf le style) ont leur parenchyme externe différencié en un tissu spécial jaunâtre (fig. 83), à cellules de taille un peu plus petite que celles du parenchyme interne. Les faisceaux des carpelles épanouissent leurs vaisseaux en forme de fuseau, lorsqu'ils passent à côté de ce tissu. Parfois même, surtout vers la base, on peut trouver quelques courts vaisseaux qui se détachent isolément pour se perdre dans le tissu nectarifère. L'épiderme qui recouvre ce tissu est assez distinct; ses cellules sont fortement cuticularisées vers l'extérieur; la cuticule forme des saillies qui rappellent tout à fait celles que nous avons observées chez les Amygdalées. Ces saillies rayonnent autour des stomates (fig 90), comme dans l'*Amygdalus*; mais les stomates sont beaucoup moins enfoncés dans le tissu (fig. 91). Leur chambre sous-stomatique est pour ainsi dire nulle, comme dans la plupart des stomates que nous avons examinés jusqu'à présent.

Cette structure se présente dans la majorité des Ombellifères; mais la disposition anatomique restant la même en apparence, la localisation des substances sucrées peut ne se faire que dans une toute petite partie de ce tissu. C'est ce qu'on peut voir très-bien chez les Ombellifères qui ont un tissu nectarifère incolore. La réaction par le tartrate cupro-potassique peut donner un précipité jaune très-net, qui montre la réserve de sucres localisée. On peut ainsi s'assurer, dans le *Laserpitium gallicum*, que le tissu qui accumule les substances sucrées n'occupe en réalité, au moment de l'anthèse, que le quart, tout au plus, du tissu blanchâtre, très-différencié, situé entre les faisceaux et l'extérieur.

Dans les Ombellifères qui ont l'ovaire soudé avec le calice sur une longueur plus considérable, le tissu nectarifère se localise sur une région moins étendue en surface. Il peut alors devenir relativement profond et posséder des faisceaux spéciaux. C'est ce qui a lieu dans l'*Astrantia major*. Le tissu nectarifère y forme deux masses semi-cylindriques, dont l'ensemble présente dix saillies extérieures et dix saillies intérieures alternes avec les premières. On trouve un faisceau vasculaire peu différencié au milieu de chacune de ces saillies (fig. 92 et 93). Ces faisceaux prennent naissance dans la bifurcation de ceux qui vont au style et de ceux qui vont aux pétales et aux étamines. L'épiderme de ce tissu est formé de cellules coniques entremêlées de stomates, avec des ornements de la cuticule. Cet épiderme particulier est surtout très-accusé dans les parties saillantes du nectaire (1).

C'est d'une manière tout à fait semblable que se localisent les tissus à sucres dans presque tous les genres de la famille des Campanulacées. Chez le *Phyteuma spicatum* par exemple, le parenchyme situé entre les faisceaux et l'extérieur, dans la

(1) Autres Ombellifères observées : *Heracleum Sphondylium*, *Fœniculum vulgare*, *Seseli montanum*, analogues au *Ferula tingitana* ; *Æthusa apiifolia*, *Æ. Cynapium*, id., mais les faisceaux ne s'élargissent pas en fuseau, en face de la région nectarifère ; *Eryngium campestre*, analogue à *Astrantia*, mais le tissu nectarifère est continu.

partie supérieure des carpelles, est formé de cellules qui diffèrent par la forme et la dimension des cellules voisines. On peut y constater chimiquement une quantité de sucres beaucoup plus grande que dans le reste de l'ovaire, avant la fécondation. L'épiderme, peu cuticularisé et sans épaississements linéaires, est muni de stomates nombreux. J'ai constaté que les épidermes situés sur les parties non nectarifères possèdent aussi quelques stomates de même grandeur ; mais leur nombre n'est pas à comparer avec celui des stomates du nectaire, et leur chambre sous-stomatique est beaucoup plus grande (1).

On rencontre une disposition voisine chez les *Saxifraga* à ovaire infère (2).

2. *Cornus*. — Chez le *Cornus mas*, le tissu nectarifère apparent forme un anneau obscurément quadrangulaire, qui entoure le style sans en dépendre ; il provient du parenchyme supérieur de l'ovaire. Ce tissu ne possède aucune trace de faisceaux vasculaires (fig 94 et 95) ; sa partie centrale est formée de cellules *plus grandes* que celles des parenchymes voisins.

Cependant, aux environs de l'anthèse, l'émission de liquide est assez grande chez cette espèce. Mais cet anneau peu différencié ne constitue pas à lui seul l'ensemble des tissus sacchariferes avant la fécondation. Le parenchyme qui sépare les faisceaux des carpelles de leur face interne est lui-même aussi riche en substances sucrées que l'anneau appelé nectaire. En réalité, la provision de sucres se fait ici dans presque tout l'ovaire (3).

(1) *Phyteuma betonicæfolia*, analogue ; *Campanula rapunculoides*, *C. rotundifolia*, *C. persicæfolia*, structure voisine. Le nombre et la grandeur des stomates sont relativement moindres que dans les *Phyteuma*, l'émission de liquide proportionnellement beaucoup moins considérable, dans nos régions.

(2) Espèces observées : *Saxifraga tridactylites*, tissu assez peu développé ; *S. granulata*, *S. aizoides*, *Chrysosplenium oppositifolium*, tissu assez développé, *Saxifraga oppositifolia*, tissu très-développé. Nectar peu abondant ou nul chez la première de ces espèces, très-abondant chez la dernière.

(3) Structure analogue chez le *Cornus sanguinea ;* anneau supérieur moins développé ; exsudation externe moins grande. Il y a aussi un tissu nectarifère au sommet de l'ovaire chez le *Sipanlea carnea*. On y trouve des papilles bosselées à sa surface (G. Capus, *loc. cit.*).

4° Partie moyenne des carpelles. — Chez un grand nombre de Monocotylédonées, le tissu nectarifère fait partie du parenchyme de l'ovaire, dans les régions où deux carpelles rapprochés laissent entre eux un espace libre. C'est à cette disposition que Brongniart a donné le nom de *glandes septales*.

Cet espace libre laissé entre les carpelles peut rejoindre l'extérieur, par en bas, par le milieu ou par en haut; si le trop-plein liquide s'y est accumulé, il peut sortir au dehors par ces orifices.

Je ne reviendrai pas sur l'anatomie de cette partie de l'ovaire ches les *Liliacées*, *Iridées*, *Amaryllidées*, etc. Elle a déjà été faite en détail (1). Je me bornerai à citer quelques observations relatives à la distribution des sucres dans ces tissus.

Très-souvent les substances sucrées s'emmagasinent surtout autour des glandes septales; mais il n'en est pas toujours ainsi. Chez le *Narcissus poeticus*, le reste du parenchyme de l'ovaire contient au moins autant de sucres. Chez le *Polygonatum multiflorum*, tout l'ovaire est riche en substances sucrées et les glandes septales ne représentent que la région par où peut s'écouler le liquide sucré au dehors. Enfin la sortie du trop-plein liquide peut même avoir lieu par les autres surfaces de l'ovaire : c'est ce que j'ai constaté chez le *Muscari racemosum*. Dans cette espèce, l'épiderme de l'ovaire est formé de cellules papilleuses, à parois minces, isolées latéralement les unes des autres (fig. 101); on peut voir le nectar en sortir par petites gouttelettes.

Enfin nous avons vu plus haut que dans le cas où les glandes septales manquent (*Fritillaria*), les tissus saccharifères sont situés ailleurs.

La production externe de liquide peut n'avoir jamais lieu

(1) Voy. Brongniart, *loc. cit.* (*Ann sc. nat.*, 1854); Parlatore, *Dissertation sur de nouveaux genres et espèces de Monocotylédonées*, Introduction, 1854; Van Tieghem, *Structure du pistil* (Paris, 1871).

dans les circonstances ordinaires, chez beaucoup de Monocotylédonées à glandes septales (*Hyacinthus*, *Convallaria*, etc.)

5° *Style*. — Une partie du tissu nectarifère dépend du style dans un certain nombre de Corolliflores à ovaire infère; mais les sucres n'y sont en général localisés qu'en apparence, et le parenchyme de l'ovaire peut en contenir beaucoup.

1. *Synanthérées*. — Dans les fleurs de Synanthérées que j'ai observées (1), il existe à la base du style un tissu à cellules plus petites, généralement muni de stomates nombreux, surtout dans la partie supérieure, dans les espèces où l'exsudation liquide est très grande (2). Le plus souvent on n'y reconnaît pas d'épiderme différencié. La figure 96 montre cette structure chez le *Nardosmia fragrans*; la figure 98 indique la position d'un tissu analogue chez l'*Agathea*, dont un stomate saillant sur l'épiderme est représenté à part (fig. 97).

Chez le *Vernonia centrifolia* (fig. 99 et 100), ce tissu est très saillant au dehors. M. Capus a montré qu'en ce cas il s'y trouve un épiderme presque complètement différencié (3).

En général, que le développement de ce tissu soit relativement très grand (*Echinops*) ou très faible (*Senecio*), sa structure m'a semblé assez analogue dans les différents cas que j'ai observés. L'accumulation des sucres dans les parois de l'ovaire même est toujours assez considérable.

Chez les Dipsacées, le *Knautia arvensis* par exemple, cette partie basilaire du style possède au contraire un épiderme très net, à grandes cellules; le parenchyme sous-jacent, à petites cellules, est peu développé. Il y a aussi chez cette espèce un commencement de différenciation analogue à la base de la corolle (fig. 102, 103), avec accumulation de sucres. Mais ces parties ne peuvent former que la région par où se fait, à un

(1) *Aster acris*, *Tussilago Farfara*, *Barkhausia taraxacifolia*, *Taraxacum officinale*, *Carduus nutans*, *Cirsium arvense*.

(2) M. Caspary a étudié des stomates de ces tissus dans un grand nombre de cas (*De nectariis*, loc. cit.).

(3) G. Capus, *loc. cit*.

certain moment, l'émission de liquide; car l'emmagasinement de substances sucrées est autrement grand dans l'ovaire, et spécialement dans un parenchyme à petites cellules développé à sa partie supérieure, au-dessous du pédicelle de l'involucre (*a*, fig. 102). Cette partie persiste après la fécondation, puis devient de moins en moins riche en substances sucrées.

2. *Symphoricarpos*. — C'est au contraire un tissu à cellules *beaucoup plus grandes* que celles des parenchymes avoisinants qui se développe en formant une saillie prononcée à la base du style, chez le *Symphoricarpos racemosa*. L'épiderme y est formé de cellules dont les parois externes sont fortement épaissies (fig. 106), tandis que les cellules des épidermes voisins, sur le style ou la corolle, le sont moins.

On ne peut pas, du reste, appeler plus spécialement nectaire ce tissu renflé qui forme un anneau proéminent à la base du style (1), car toutes les parties de la fleur, l'ovaire, le calice, la corolle même, renferment en abondance des substances sucrées. L'émission de liquide sucré n'est pas énorme; cependant les Hyménoptères visitent ces plantes avec une persistance extraordinaire. J'ai observé souvent les Bourdons et les Abeilles sur ces fleurs, par la pluie. Presque par tous les temps ils vont sucer la corolle et le style, dont les tissus sont riches en sucres. Les Guêpes, et même parfois les Abeilles déchirent directement l'épiderme dans ce but, sans attendre la venue des Bourdons.

La fleur donne, à froid, avec la tartrate cupro-potassique, dans toutes ses parties, un précipité jaune intense; un pétiole de feuille n'en donne pas de sensible, si ce n'est un peu vers les vaisseaux; une coupe de la tige donne un précipité jaune intense dans la région vasculaire.

Chez le *Lonicera Periclymenum*, le renflement analogue qu'on trouve à la base du style forme un anneau symétrique par rapport à un plan (2); il ne présente pas d'accumulation spéciale

(1) C'est à tort que M. H. Müller donne comme organe spécial de l'émission de liquide ce renflement du style (voy. *loc. cit.*, p. 361).

(2) D'après M. Capus (*loc. cit.*), un anneau analogue existe aussi développé

de sucres ; car il en contient proportionnellement moins que l'ovaire et la corolle. Au point de vue anatomique, il est encore moins différencié que celui des *Symphoricarpos ;* l'épiderme a aussi ses cellules relativement plus épaisses (fig. 104). Je n'ai jamais observé d'émission de liquide par ce tissu. C'est surtout par une partie différenciée de l'épiderme à l'intérieur et vers la base de la corolle que le nectar sort par des papilles de diverses formes (fig. 105). L'approvisionnement de matières sucrées a lieu en majeure partie dans l'ovaire.

6° *Dans le stigmate.* — J'ai constaté que les stigmates très-développés des fleurs femelles de *Populus nigra* contiennent en abondance des substances sucrées. Le liquide émis par les papilles stigmatiques contient des saccharoses et des glucoses. J'ai observé au printemps 1878, à Louye, les Abeilles qui récoltaient ce liquide.

On trouve aussi des sucres dans le liquide émis par les papilles stigmatiques de l'*Arum maculatum.*

Mais, d'une manière générale, le liquide visqueux sécrété par des papilles stigmatiques n'est pas spécialement riche en substances sucrées.

7° *Tout le parenchyme extérieur des carpelles.* — Dans un certain nombre de familles, les tissus saccharifères de la fleur peuvent occuper le parenchyme de l'ovaire, surtout entre les faisceaux des carpelles et leur face extérieure. La réaction avec le tartrate cupro-potassique montre cette localisation d'une façon très-nette dans le *Jasminum fruticans* et le *J. grandiflorum.* Ce parenchyme est formé de cellules qui diffèrent à peine par leur grandeur et par leur forme de celles du parenchyme interne.

La structure est analogue chez le *Ligustrum vulgare* (1), quoique la différenciation du contenu entre le parenchyme

chez le *L. sempervirens* ; avec un développement beaucoup moindre chez le *L. fragrantissima,* presque nul dans le *L. Standeskii.*

(1) Id., *Syringa vulgaris.*

externe et le parenchyme interne soit moins prononcée encore.

Chez les Primulacées (1), c'est aussi principalement dans ce parenchyme externe des carpelles que se fait l'emmagasinement du sucre, et c'est par l'ovaire même (dont l'épiderme est garni de stomates) que sort le trop-plein liquide, aussi bien à la partie supérieure qu'à la partie inférieure (2).

8° *Tout l'ovaire.* — Dans un très grand nombre de fleurs où l'ovaire s'atrophie et ne se développe pas, les matières sucrées restent accumulées dans toutes les parties de l'ovaire. Comme il n'y a pas fécondation, et que les matières sucrées, par suite de l'avortement des ovules, ne peuvent pas être assimilées, il se produit en général, pendant longtemps, une abondante exsudation au dehors.

Cette formation est très-nette dans les fleurs mâles de l'*Ilex Aquifolium*. Tout le tissu à très-petites cellules est riche en matières sucrées. Le nectar sort en abondance, dans des circonstances favorables.

Il en est de même chez les fleurs mâles des *Cucurbita Pepo*, *Bryonia dioica* ; avec un développement un peu moindre chez le *Ribes alpinum*.

Chez le *Viscum album*, l'ovaire est presque annulé dans les fleurs mâles ; il est remplacé par un tissu à cellules relativement petites, à épiderme non cuticularisé comme les autres épidermes de la fleur. Il se produit en ce point une exsudation sucrée que j'ai vue recueillie par les Abeilles.

12° A la base commune de tous les organes floraux.

Nous avons vu que, dans la plupart des cas précédents, on peut constater que les substances sucrées s'accumulent presque

(1) Espèces observées : *Primula officinalis*, *P. grandiflora*, *P. elatior*, *P. verna*, *P. sinensis*, *Hottonia palustris*, *Lysimachia vulgaris*.

(2) M. H. Müller spécialise à tort la *base* de l'ovaire comme sécrétant le nectar (*loc. cit.*, p. 346).

toujours à la base de la fleur, indépendamment d'une localisation spéciale. Cet emmagasinement peut quelquefois prendre une importance plus considérable encore que dans les cas précédents, sans qu'une autre localisation se produise. Il en résulte que les fleurs qu'on dit *sans nectaire*, parce qu'elles n'ont pas un tissu saccharifère spécial, extérieurement visible, ont en réalité un tissu nectarifère.

Cette réunion des sucres à la base commune des organes floraux peut donner lieu aussi quelquefois, directement ou indirectement, à une production externe de liquide sucré.

1. *Anemone*. — On a souvent cité plusieurs *Anemone*, et en particulier l'*A. nemorosa*, comme un exemple de Renonculacées sans nectaires. Dans la partie fortement renflée sur laquelle s'insèrent les étamines et les carpelles (fig. 110), entre les vaisseaux et l'extérieur, s'accumulent les substances sucrées. Traité par la liqueur de Fehling, ce tissu jaunit plus fortement que toutes les autres parties de la fleur; si l'on récolte un nombre d'exemplaires suffisant, on peut en extraire, par pression et dissolution dans l'eau, un liquide renfermant de la saccharose et des glucoses.

En outre, le tissu est muni à sa surface externe, entre les étamines, de papilles amincies (fig. 111), par où peut quelquefois s'exsuder un liquide sucré en très fines gouttelettes; je l'ai observé au printemps 1878 par des circonstances extérieures très favorables. J'ai vu alors les Abeilles récoltant ces gouttelettes, ou déchirant le tissu avec leurs mandibules pour sucer le contenu sucré (1).

Il est donc impossible de dire que l'*Anemone nemorosa* est dépourvu de tissu nectarifère. Comme dans un grand nombre des

(1) M. H. Müller, qui dit que l'*A. nemorosa* n'a ni tissu nectarifère, ni nectar, s'exprime ainsi : « Quoique *même avec l'aide de la loupe*, je n'ai pu » observer de nectar dans les fleurs; j'ai vu la même Abeille voler de fleur à fleur » et introduire sa trompe entre les sépales et la base du pistil ; sans doute elles » perçaient le tissu avec leurs mandibules pour prendre la séve dont elles ont » besoin pour agglomérer le pollen qu'elles recueillent. » Cette dernière supposition, toute gratuite, est absolument inutile, puisque la « séve » en question est justement très-sucrée.

cas précédents, l'émission externe du liquide est très faible ou nulle, ce qui s'explique d'autant plus facilement que les cellules voisines de l'épiderme sont relativement très épaisses, (fig. 111).

Dans le *Caltha palustris* où cet épaississement est beaucoup moindre, l'exsudation peut être très-abondante. Elle a lieu surtout par le tissu à papilles situé entre les étamines et les carpelles, et aussi par les carpelles eux-mêmes. Je n'ai pas trouvé vérifiée la description que M. H. Müller donne pour cette plante ; il cite et figure une localisation dans un sillon carpellaire. L'emmagasinement des sucres se fait comme dans l'*Anemone*. La sortie du nectar a lieu plus encore par les papilles interstaminales et intercarpellaires que par les carpelles eux-mêmes (1).

Dans le *Thalictrum aquilegifolium* au contraire, l'épiderme de ce tissu est très peu papilleux ; le tissu est peu différencié ; les parois des couches extérieures de cellules sont épaissies ; je n'ai jamais observé l'émission d'un liquide sucré. On peut cependant constater une accumulation des sucres à la base de tous les organes floraux (2).

2. *Malva*. — C'est aussi à la base de la fleur, dans le parenchyme général, que se trouvent les tissus nectarifères chez un grand nombre de Malvacées ; mais leur disposition diffère beaucoup de celle que nous venons de décrire.

Chez le *Malva silvestris* par exemple, le parenchyme commun des étamines et des pétales vient recouvrir complètement l'ovaire ; de façon que si une exsudation de liquide sucré se produit dans la fleur, le nectar ne peut sortir que par l'épiderme de ce tissu. Ce parenchyme est riche en sucres, et celui qui est à la base de l'ovaire en contient encore plus (fig. 107).

Sous certaines influences extérieures, l'eau qui s'est chargée de sucre en traversant ces tissu peut former des gouttelettes

(1) *Loc. cit.*, p. 117.

(2) Autres espèces observées, à structure analogue : *A. ranunculoides*, *A. narcissiflora*, *Thalictrum minus*.

à l'extérieur, là où les parois cellulaires sont le plus amincies. Ce sont ici les extrémités des poils situés entre les pétales, quelquefois les poils étoilés à la base des étamines ; mais surtout des trichomes de forme particulière qui sont très-nombreux sur l'épiderme, à la jonction des pétales et des étamines. J'ai pu observer à un faible grossissement la sortie des gouttelettes par l'extrémité de ces trichomes (voy. *Partie physiologique*).

On sait que la forme de ces trichomes (fig. 109) (qu'on retrouve du reste en d'autres parties de la plante) varie avec les genres et les espèces.

Dans l'*Hibiscus Rosa sinensis*, les trichomes, situés à la même place, sont beaucoup plus larges (fig. 108).

C'est encore à la base de tous les organes de la fleur et dans tout l'ovaire en même temps que s'accumulent en abondance la saccharose et les glucoses chez les Tilleuls, le *Tilia silvestris* par exemple. L'exsudation a surtout lieu par la surface interne des sépales, mais j'ai constaté que le parenchyme de l'ovaire et des tissus sous-jacents contient beaucoup plus de saccharose que les sépales eux-mêmes. On ne peut donc pas dire qu'il y ait localisation du tissu nectarifère dans ces derniers.

Il en est de même chez la plupart des Gentianées, avec localisation quelquefois un peu plus nette à la base de la corolle, du côté interne, comme dans le *Gentiana campestris*. Ici l'exsudation externe est souvent faible ou nulle.

Enfin, dans toutes les fleurs dites *sans nectaires* et *sans nectar* que j'ai observées, on constate une accumulation de sucres plus ou moins marquée à la base de tous les organes floraux, quand l'exsudation externe n'a jamais lieu (1).

(1) Par exemple : *Hypericum perforatum, H. humifusum, Helianthemum vulgare, H. guttatum, Chelidonium majus, Glaucium luteum, Hypecoum grandiflorum, Papaver Rhœas, P. somniferum, Avena sativa, Triticum sativum, Hordeum murinum, Cyclamen europæum, Tulipa silvestris, T. suaveolens, T. Gessneriana, Anemone coronaria, Adonis æstivalis, Solanum tuberosum, S. nigrum.*

III.

VARIATIONS DE LA STRUCTURE DU TISSU NECTARIFÈRE CHEZ LES PLANTES VOISINES.

On a vu par ce qui précède à quel point la structure générale du tissu nectarifère peut varier ; l'accumulation de substances sucrées peut occuper dans les différentes parties de la plante les situations morphologiques les plus différentes. On pourrait se demander s'il en est de même, lorsque l'on compare les nectaires floraux, par exemple, dans une même famille naturelle, dans un même genre, ou dans une même espèce.

1° *Variations dans une même famille.*—J'ai étudié spécialement dans ce but la disposition des tissus nectarifères chez quarante genres de la famille des Crucifères, où la structure florale est très constante.

Le tissu nectarifère situé entre les sépales et les étamines ou entre celles-ci et l'ovaire offre des dispositions très différentes, qui sont, le plus souvent, en relation avec la forme de l'ovaire et des parties voisines. Les figures 115, 116 et 117 représentent les trois principaux types de diagrammes auxquels on peut rapporter presque tous les autres, en passant de l'un à l'autre par de nombreux intermédiaires.

Dans le *Lunaria rediviva* (fig. 116), où l'ovaire a sa plus grande dimension transversale *parallèle* à la cloison, il n'y a plus de proéminences nectarifères devant les étamines courtes; les saillies sont au contraire développées dans l'espace libre laissé autour des étamines longues.

Dans le *Brassica oleracea* (fig. 115), où l'ovaire a une section presque circulaire, on trouve quatre proéminences du tissu nectarifère, deux entre les étamines longues et l'ovaire, deux entre les paires d'étamines courtes et le sépale opposé.

Dans l'*Æthionema coridifolium* (fig. 117), où l'ovaire a sa plus grande dimension transversale *perpendiculaire* à la cloison, il n'y a plus de proéminences nectarifères entre les étamines longues et l'ovaire; quatre saillies sont développées dans l'espace resté libre entre les étamines longues et les étamines courtes.

Il peut y avoir ou non une différenciation vasculaire indiquée dans ces proéminences nectarifères. Lorsqu'il y a un faisceau vasculaire, il peut dépendre dans un genre du faisceau staminal, dans un autre du faisceau du sépale.

Les figures 112 et 113 montrent les deux cas. Chez le *Dentaria pinnata*, le faisceau du nectaire provient du faisceau du sépale (fig. 112). Chez l'*Aubrietia Columnæ*, il provient du faisceau vasculaire staminal (fig. 113).

Sans décrire la structure du tissu nectarifère dans tous les genres que j'ai étudiés, je signalerai seulement les variations qui peuvent se présenter dans sa disposition générale.

Au type du *Brassica oleracea* se rattachent les *B. Napus*, *Raphanus sativus*, *R. Raphanistrum*, *Orychophragmus sonchifolius*, *Arabis Turrita*, *Sinapis pubescens*, *Barbarea vulgaris*, et d'après M. Capus (1), *Sinapis circinata*, *Diplotaxis erucoides*.

La disposition est la même, mais il y a deux proéminences entre les étamines courtes et le sépale opposé chez les *Arabis muralis*, *A. serpyllifolia*, *A. Turrita*, *Matthiola incana*, *M. patens;* chez ces deux dernières espèces, le tissu nectarifère entoure complètement les étamines longues.

Le nectaire est encore bifurqué dans les *Erysimum hieracifolium*, *E. grandiflorum;* il est trifurqué chez les *E. cheiranthoides*, *E. angustifolium*.

Toutes les proéminences se rejoignent en un bourrelet qui laisse les étamines longues en dehors et les étamines courtes en dedans chez les *Sisymbrium Columnæ*, *S. acutangulum*, *S. Sophia*, *Malcolmia bicolor*, *Isatis tinctoria*.

Chez le *Biscutella lævigata*, quoique la capsule soit développée perpendiculairement à la cloison, il y a des proéminences nectarifères en dedans des étamines longues, mais elles sont très-aplaties (2).

(1) *Loc. cit.*
(2) De même *B. apula* (G. Capus, *loc. cit.*).

On pourrait suivre des modifications analogues chez les autres genres que j'ai étudiés, dont la structure florale se rattache aux types du *Lunaria* et de l'*Æthionema;* les exemples précédents suffisent, je pense, pour montrer quelles variations peuvent se présenter; ils me dispensent d'allonger encore une énumération fastidieuse.

En général, c'est par des stomates à chambre sous-stomatique petite et sans air, que sort le liquide sucré des Crucifères (fig. 114); quelquefois par des poils (*Erysimum*).

Chez des genres très-voisins on peut trouver une structure anatomique générale encore plus différente. Chez les Asclépiadées, par exemple, le cornet partiellement nectarifère, situé près des étamines, peut être un recourbement du filet chez l'*Asclepias Drummondi;* il peut être complètement indépendant des étamines et formé par des dépendances des pétales chez le *Periploca græca* (1). On a pu voir aussi, dans l'étude qui précède, de nombreux exemples analogues.

En résumé, *la structure générale du tissu nectarifère n'est pas constante dans une même famille.*

2° *Variations dans un même genre.*—Nous avons observé aussi, plus haut, de fréquentes variations dans le tissu nectarifère chez les différentes espèces d'un même genre. J'ai étudié plus spécialement, à ce sujet, quatorze espèces du genre *Geranium* et plusieurs espèces du genre voisin *Erodium.*

Le tissu nectarifère, chez les *Geranium*, est en général situé dans des saillies placées entre les étamines et les sépales (fig. 122). Il est le plus souvent muni d'un ou plusieurs faisceaux vasculaires, recouvert par un épiderme distinct muni de stomates (fig. 118). Lorsqu'un faisceau vasculaire est différencié dans le tissu, il peut se rattacher nettement au faisceau du sépale : *Geranium sibiricum* (fig. 119), ou au faisceau de l'étamine : *Geranium lividum* (2) (fig. 120); il peut être exactement bissecteur de ces deux faisceaux (*G. nodosum*).

(1) D'après M. Van Tieghem (mss. inéd.).

(2) Il est encore plus nettement rattaché au faisceau staminal chez l'*Erodium mauritanicum* (fig. 123).

Le faisceau vasculaire peut présenter une différenciation aussi grande que celui du sépale (*G. sibiricum*), ou être seulement indiqué (*G. pyrenaicum*, *G. sanguineum*), ou presque nul (*G. lucidum*, *G. rotundifolium*) (1).

Le tissu nectarifère varie considérablement dans sa disposition chez les diverses espèces d'*Arabis*, d'*Erysimum*, de *Sisymbrium ;* chez les espèces différentes de *Lamium*, de *Spiræa*, etc., comme on l'a vu plus haut.

En somme, *la structure générale du tissu nectarifère n'est souvent pas constante dans un même genre.*

3° *Variations dans une même espèce.* — Enfin, même chez les différents individus d'une même espèce, on peut trouver dans la structure des nectaires de très-grandes différences.

Chez les différentes variétés de *Cheiranthus Cheiri*, tantôt on trouve des émergences nectarifères devant les étamines courtes, tantôt on n'en trouve pas.

Chez les différents individus du *Vinca minor*, on trouve que les nectaires vasculaires des carpelles présentent les aspects les plus différents. Ces corps peuvent être uniques, bi-trilobés, digités, ou former même deux ou trois masses isolées les unes des autres.

Les nectaires extra-floraux des *Sambucus* offrent les formes les plus diverses, suivant les différents individus.

Enfin, en étudiant comparativement la structure interne des faisceaux vasculaires dans divers individus de *Scrofularia aquatica*, j'ai pu constater que le nombre des vaisseaux qui passent dans l'éperon de l'ovaire, comparé à celui des vaisseaux qui continuent leur trajet direct, présente les plus grandes variations.

En somme, *la structure générale du tissu nectarifère peut n'être pas constante dans une même espèce.*

(1) Le tissu nectarifère a la même structure chez le *G. Robertianum*, où M. H. Müller a indiqué le nectar comme produit par les sépales, et les nectaires comme nuls.

CONCLUSIONS

On peut déduire de l'étude anatomique qui précède les conclusions suivantes :

1° *Il y a toujours accumulation de substances sucrées, et en particulier du saccharose, au voisinage de l'ovaire* (1) ; souvent aussi il y a localisation de substances sucrées dans des organes appendiculaires quelconques.

2° *La structure des nectaires est très-variable ; il est impossible d'assigner aux tissus sacharifères des caractères morphologiques ou même des caractères anatomiques communs.* Nous avons vu, par exemple, que les cellules des tissus nectarifères ne sont pas toujours petites et arrondies, comme on l'avait avancé.

3° *Dans le plus grand nombre des cas, les tissus à sucres qui émettent un liquide sont munis de stomates ;* sinon la cuticule est en général nulle ou presque nulle sur les cellules épidermiques.

4° *Dans le plus grand nombre des cas, les tissus à sucres qui n'émettent jamais de liquide au dehors sont sans stomates ou presque sans stomates ;* les assises sous-épidermiques sont alors généralement à parois épaissies.

5° *La structure générale des nectaires varie considérablement dans une même famille, dans un même genre, dans une même espèce ;* aussi les caractères tirés de la structure des tissus saccharifères ne donnent-ils pas de bons résultats dans la classification.

(1) C'est ce qu'avait supposé Bravais (voy. *loc. cit.*).

Erratum. — C'est par suite d'une erreur d'impression que les mots *saccharose* et *lévulose* ont été employés au féminin dans le commencement de ce mémoire.

PARTIE PHYSIOLOGIQUE.

L'eau qui passe continuellement à travers la plante en sort par les différents tissus en quantités inégales. Les conditions extérieures étant les mêmes, certains tissus sont beaucoup plus favorables que d'autres à l'émission d'eau vers l'extérieur. C'est ainsi, par exemple, que l'eau sort en plus grande abondance par certaines régions des feuilles que par d'autres.

En général, c'est à l'état de vapeur que l'eau est transpirée par les tissus de la plante. Mais, dans quelques cas, lorsque certains tissus émettent une grande quantité d'eau, et lorsque l'air est chargé d'humidité, une partie de l'eau reste condensée sur l'épiderme; l'eau sort partiellement à l'état liquide. C'est ce qui peut avoir lieu, par exemple, sur les dents des feuilles chez les *Alchimilla*, chez beaucoup de Graminées, le *Solanum tuberosum*, le *Fuchsia globosa*, un grand nombre d'Aroïdées (*Colocasia*, *Richardia*), etc. (1).

L'eau qui passe à travers les tissus et qui vient sortir à la surface de la plante, peut contenir en différentes proportions plusieurs substances solubles. Ces substances retardent l'évaporation de l'eau. A mesure que l'évaporation a lieu, le liquide se concentre; à mesure que le liquide se concentre, l'eau s'évapore de moins en moins. On comprend que, suivant la nature des tissus que l'eau a traversés, la proportion des substances dissoutes doit varier beaucoup. C'est ainsi que l'eau qui sort des feuilles de *Colocasia* contient à peine quelques traces de substances solubles (Berthelot) (2) ; on conçoit que

(1) On peut citer aussi beaucoup d'espèces appartenant aux genres suivants, comme produisant des gouttelettes liquides par la transpiration : *Musa*, *Arum*, *Tropæolum*, *Brassica*, *Ammomum*, *Remusatia*, *Nepenthes*, *Avena*, *Zea*, *Triticum*, *Pilobolus*, *Mucor*, *Aspergillus*, *Penicillium*, *Merulius*, etc. (Voyez, à ce sujet, Meyer, *Kais. Akad. der Wiss.*, Vienne, 1858, XXVIII, p. 111 et 114; et Williamson, *Ann. and Mag. of Nat. History*, 1848.)

(2) Unger (*loc. cit.*) a trouvé 0,5 à 1 pour 100 de résidu solide dans le liquide

celle qui a traversé les tissus à sucres se charge au contraire abondamment de substances solubles.

On s'explique, d'après ce que je viens de dire, la facile condensation de liquide à la surface des tissus nectarifères. La présence, dans l'eau émise au dehors par ces tissus, d'une quantité souvent considérable de sucres met obstacle à l'évaporation du liquide. Aussi ce liquide s'évapore-t-il très-difficilement, surtout lorsqu'il est très-concentré. Celui qui filtre à travers les feuilles que j'ai citées plus haut, étant de l'eau presque pure, s'évapore au contraire très-facilement. J'ai fait voir par des expériences comparées l'importance de cette influence. C'est là une des raisons à invoquer pour l'explication des différences qu'on observe entre ces deux productions externes de liquide. Je reviendrai plus loin sur ce sujet.

Suivant sa structure anatomique, une feuille peut donner lieu à une émission de liquide ou non, toutes les autres conditions étant égales d'ailleurs. Ainsi une feuille d'*Alchimilla* émettra des gouttelettes liquides, quand une feuille de *Fumaria* n'en émettra pas dans les mêmes conditions. De même, suivant leur structure, les tissus à sucres peuvent émettre en plus ou moins grande abondance un liquide sucré dans des circonstances identiques. Placés dans les mêmes conditions extérieures, certains nectaires peuvent, à un moment donné, produire un liquide extérieur, tandis que certains autres n'en donnent en aucun cas et à aucun âge.

On conçoit facilement, par exemple, qu'un tissu où les parois des cellules sont très-épaissies, dont l'épiderme est fortement cuticularisé, sans stomates, ne soit pas favorable au passage des liquides ; il peut y avoir en ce cas accumulation de substances sucrées près de l'extérieur, sans production externe de liquide sucré. Nous en avons vu un grand nombre de cas dans l'étude anatomique qui précède. Au contraire, un tissu dont les cellules ont des parois très-minces, recouvert par un

émis par les feuilles de *Brassica cretica*. Le liquide transpiré par beaucoup de Champignons est doué souvent d'une réfringence particulière et s'évapore difficilement : ce n'est pas de l'eau pure.

épiderme non cuticularisé ou muni de nombreux stomates, est favorable à la sortie du liquide.

Laissons de côté, pour le moment, toute la catégorie des nectaires sans nectar. Étudions d'abord ceux où, à un certain âge, l'eau qui a dissous une partie du contenu vient se condenser à la surface du tissu qu'elle a traversé. Ainsi nous n'examinerons maintenant que les tissus nectarifères développés, à l'âge où ils émettent du nectar. Ensuite nous suivrons le développement de ces tissus, et nous étudierons les variations qui s'y produisent aux différents âges, chez ceux qui émettent du nectar et chez ceux qui n'en émettent pas.

Avant d'étudier les diverses causes qui peuvent influer sur la quantité de nectar qui reste condensée sur le tissu, voyons d'abord comment s'opère cette émission de liquide.

I.

SORTIE DU LIQUIDE PAR LE TISSU NECTARIFÈRE.

Sous l'influence de diverses causes que nous étudierons plus loin, le liquide absorbé par la plante arrive dans le tissu nectarifère; il se charge là de substances sucrées, et chez un grand nombre de plantes il peut sortir, en beaucoup de circonstances, sous forme d'un liquide sucré.

Supposons que la plante soit placée dans ces circonstances favorables; examinons quelles sont les diverses manières suivant lesquelles le liquide peut traverser l'épiderme du tissu nectarifère, pour venir s'accumuler au dehors.

§ 1er. — Tissu nectarifère à stomates.

Dans l'étude anatomique qui précède, nous avons vu qu'on trouve des stomates sur l'épiderme du tissu nectarifère, dans le plus grand nombre des cas. Nous avons constaté que ces stomates sont sans chambre sous-stomatique ou à chambre sous-stomatique très-petite, contenant en général un liquide au lieu d'air. Ces caractères les distinguent le plus souvent des stomates qu'on trouve sur les autres parties de la plante.

J'ai cité dans le résumé historique plusieurs auteurs qui ont signalé ces stomates et en ont décrit un certain nombre (1). Ils ont admis que l'émission du liquide se fait par ces ouvertures; mais aucun d'entre eux n'en a donné la preuve expérimentale directe. J'ai essayé de le faire pour quelques tissus nectarifères.

Expériences relatives à la sortie du liquide sucré par les stomates. — J'ai opéré d'abord sur l'*Amygdalus Persica.* La structure de la surface du tissu nectarifère chez cette espèce est spécialement favorable à ce genre d'observations. Nous avons vu en effet (page 112) que les stomates sont relativement grands, situés au fond d'entonnoirs creusés dans le tissu et rendus visibles par des épaississements de la cuticule qui rayonnent autour de l'ouverture stomatique. Ces cratères peuvent se voir avec une forte loupe.

Voici quelles sont les deux expériences que j'ai faites avec le tissu nectarifère de cette espèce :

1° J'ai isolé un fragment de nectaire d'*Amygdalus Persica;* j'y ai taillé au scalpel un parallélipipède dont la face supérieure était formée par l'épiderme. Le fragment ainsi taillé a été placé entre les deux branches d'une pince à vis, de façon que les branches vinssent s'appuyer contre deux des faces latérales. Cela fait, j'ai enlevé complètement avec une fine pipette tout le liquide qui se trouvait à la face supérieure, et j'ai examiné au microscope l'épiderme éclairé par réflexion. A un faible grossissement, on distingue très-bien les petits cratères à stomates. Les choses étant ainsi disposées, si l'on serre un peu la vis de la pince, on voit perler une gouttelette de nectar par chacun des petits entonnoirs de l'épiderme. Il ne s'en forme aucune en d'autres points de la surface.

2° Dans une seconde expérience, au lieu de presser mécaniquement le tissu, j'ai cherché à obtenir artificiellement le passage du liquide à travers le tissu nectarifère. On verra plus loin d'autres expériences sur ce point.

(1) MM. Caspary, Jürgens, Behrens (*loc. cit.*).

Un morceau du tissu taillé comme précédemment a été fixé latéralement à deux petites lames de liége ; de cette façon il pouvait flotter sur l'eau, sa face inférieure étant plongée dans le liquide et sa face supérieure épidermique restant dans l'air. Le tout était placé sur de l'eau contenue dans un verre de montre qu'on mettait sur la platine du microscope. Tout liquide sucré étant enlevé, j'ai examiné de nouveau l'épiderme par réflexion, à un faible grossissement. Au bout de peu de temps, j'ai vu réapparaître les gouttelettes liquides par les orifices stomatiques et seulement par eux.

J'ai obtenu les mêmes résultats en opérant avec le tissu nectarifère du *Cydonia vulgaris*, du *Prunus Mahaleb*, de l'*Anethum Fœniculum;* mais l'observation est plus délicate.

Pour les plantes dont les stomates sont beaucoup plus petits et ne sont pas rendus visibles, comme dans les Amygdalées ou les Ombellifères, par une disposition spéciale des parties voisines, il est presque impossible d'opérer de cette manière. Cependant, en mettant au point, à un assez fort grossissement, un stomate du tissu nectarifère chez le *Mirabilis Jalapa*, j'ai pu constater l'émission de gouttelettes par cette ouverture.

Nous avons vu, dans la partie anatomique, que les stomates se présentent souvent sur les parties saillantes du tissu nectarifère, presque exclusivement là où la courbure est très-prononcée. Pour un nectaire donné j'ai pu ainsi, en examinant l'épiderme au microscope, par transparence, noter d'abord la position générale des stomates ; puis ensuite examiner sur un autre nectaire de la même espèce, à un plus faible grossissement, la production de gouttelettes liquides, artificiellement provoquées. On voit alors les petites gouttes apparaître d'abord dans les régions où la courbure est très-forte, là précisément où les stomates sont nombreux. C'est ce que j'ai constaté pour les espèces suivantes :

Chez le *Phlox Drummondi*, le *Ballota fœtida*, le *Matthiola incana*, le *Vicia sativa*, c'est par la partie terminale du tissu que se présentent d'abord les gouttelettes, dont on provoque la production par immersion dans l'eau des parties profondes.

Nous avons vu que c'est là aussi que les stomates se trouvent presque uniquement placés chez ces espèces.

Chez le *Robinia Pseudacacia*, où les stomates sont situés sur toutes les parties renflées du tissu, c'est là aussi que le liquide reste d'abord condensé.

Dans le cas où l'on opère au moyen de la pince à vis, après avoir fait sortir le liquide par les stomates, augmentons encore un peu la pression. Il peut se présenter deux cas. Si l'épiderme est fortement épaissi, le liquide continue à sortir uniquement par les stomates; si l'épiderme est à parois minces, on peut alors voir perler de petites gouttelettes en d'autres points que les stomates, au sommet des poils (*Prunus*), ou à travers les parois cellulaires elles-mêmes (*Mirabilis*). On peut donc admettre que dans certaines conditions extérieures spécialement favorables à un passage abondant et à la condensation, le liquide puisse sortir ainsi en petite quantité par d'autres points que par les stomates ; mais ces cas sont exceptionnels.

En somme, il résulte de ce qui précède que, *lorsque l'épiderme du tissu nectarifère est muni de stomates, c'est surtout par ces ouvertures que se produit l'émission du liquide au dehors.*

Dans les cas où l'on peut constater l'émission d'eau liquide à l'extérieur par les tissus des feuilles, c'est aussi par les stomates qu'a lieu cette sortie (1).

§ 2. — Tissu nectarifère sans stomates et sans cuticule développée.

Nous avons vu qu'il existe un certain nombre de nectaires sans stomates ; alors, le plus souvent, lorsque ces tissus peuvent émettre un trop-plein liquide au dehors, l'épiderme qui les recouvre est à peine cuticularisé ou sans cuticule. En ce cas le passage du liquide, de l'intérieur à l'extérieur, semble se faire simplement à travers les parois amincies des cellules, comme dans l'intérieur du tissu.

(1) Voyez, à ce sujet, Duchartre, *Bull. Soc. bot. de Fr.*, t. 1. — De la Rue, *Production d'eau par les organes aériens des plantes. Obs. sur le Remusatia vivipara* (en langue russe), 1868. — Rosanoff et de Bary, *Botanische Zeitung*, 1869, p. 882.

On peut mettre ce fait en évidence, d'une manière analogue à la précédente, en prenant des fragments de tissu nectarifère chez les *Helleborus niger* ou *Fritillaria imperialis*. Tout le liquide une fois enlevé avec une pipette, si l'on observe au microscope, à un faible grossissement, on le voit réapparaître çà et là de tous côtés en une couche uniforme qui augmente peu à peu de volume.

Mais, le plus souvent, dans le cas où le tissu nectarifère est sans stomates et sans cuticule prononcée, les cellules de l'assise externe, ou au moins un certain nombre d'entre elles, se prolongent en s'amincissant. C'est alors par des papilles, des poils ou des trichomes pluricellulaires que s'effectue surtout le passage du liquide. L'extrémité de ces productions, très-amincie dans la plupart des cas, est favorable à cette émission.

Nous avons vu que les saillies épidermiques peuvent être plus ou moins accentuées. Elles sont à peine indiquées dans l'*Aquilegia*, un peu plus chez le *Corydallis*, plus encore chez le *Muscari*. Ce sont des papilles claviformes nettement isolées chez les stipules des *Vicia*, des papilles coniques munies elles-mêmes de renflements secondaires chez les *Viola*, des trichomes pluricellulaires chez la plupart des Malvacées.

En choisissant ceux de ces tissus où les papilles sont les plus grandes, j'ai pu opérer comme dans le cas des stomates, en provoquant, comme précédemment, la production du liquide. J'ai opéré sur les *Vicia sativa* (stipules), *Potentilla Fragaria*, *Malva silvestris*. On voit les gouttelettes apparaître à l'extrémité des papilles, poils ou trichomes.

Il résulte de ces expériences que lorsque le tissu est sans stomates et sans cuticule épaisse, c'est à travers les parois les plus amincies des cellules que peut filtrer le trop-plein liquide (1).

Je signalerai un cas particulier qu'on peut considérer comme intermédiaire entre les deux précédents. Chez l'*Helleborus fœtidus*, on observe çà et là, sur l'épiderme du tissu nec-

(1) M. Jürgens (*loc. cit.*) cite les nectaires de *Ranunculus* comme donnant passage au nectar à travers les parois des cellules épidermiques.

tarifère, un écartement local de deux cellules voisines, comme l'écartement de deux cellules stomatiques, mais sans que ces cellules paraissent autrement différenciées. Chez cette espèce, le liquide peut sans doute sortir à la fois par ces ouvertures substomatiques, et aussi, comme dans les espèces voisines, par passage à travers les parois cellulaires.

§ 3. — Tissu nectarifère sans stomates et muni d'une épaisse cuticule.

Dans quelques cas le tissu nectarifère est recouvert par un épiderme fortement cuticularisé et sans stomates. L'émission d'un trop-plein liquide peut alors n'avoir pas lieu (*Thalictrum*); cependant elle peut quelquefois se produire. C'est alors, comme l'a indiqué le premier M. Jürgens (1), par le soulèvement de la cuticule.

La partie médiane des parois externes des cellules épidermiques, transformée en mucilage, absorbe l'humidité, augmente de volume, et soulève en fragments irréguliers la partie supérieure cuticularisée.

On peut observer très-nettement ces fragments de cuticule détachés, sous lesquels surgissent les gouttelettes liquides, chez les nectaires des cotylédons du *Ricinus communis*, en observant au microscope, à un faible grossissement et par réflexion.

L'expérience suivante montre que l'humidité ambiante joue un rôle dans cette sortie du nectar.

On fait germer des graines de Ricin sur de la mousse humide placée dans des verres. On choisit deux plants germés à peu près semblables, au même état de développement. L'un est placé sous une cloche à côté d'un verre plein d'eau; l'autre est laissé à l'air libre, à l'état hygrométrique à peu près constant (0,65 à 0,70).

On voit les gouttelettes apparaître d'abord sur le premier en même temps qu'on peut constater au microscope le soulève-

(1) Jürgens, *loc. cit.* — M. Behrens (*Flora*, 1878-1879) est revenu sur ce sujet.

ment de la cuticule; à ce moment, le Ricin laissé à l'air libre a encore la cuticule de ses nectaires intacte.

II.

VARIATION DU NECTAR SUIVANT LES CONDITIONS PHYSIQUES DU MILIEU.

Nous venons de voir comment s'opère la production de liquide à la surface des tissus nectarifères suivant leur structure anatomique, dans les mêmes conditions physiques du milieu. Etudions maintenant, au contraire, comment elle varie avec les diverses conditions extérieures, la structure anatomique du tissu restant la même. Cherchons les diverses causes qui peuvent influer sur la production du nectar, chez une même espèce de plante, pour un tissu nectarifère de même âge.

Pour un nectaire de même âge, chez une même plante, la quantité de liquide qui se trouve émise dépend évidemment de la quantité d'eau qui arrive au tissu par l'intérieur de la plante, et, par suite, de l'humidité du sol.

A cause de l'évaporation qui se produit à sa surface, cette quantité de liquide sera plus ou moins grande, suivant que l'air sera plus ou moins humide ; elle dépend donc de l'état hygrométrique de l'air.

La proportion de sucre dissoute (qui influe aussi, comme nous l'avons vu, sur la facilité de l'évaporation) dépend de la température.

Ainsi : humidité du sol, humidité de l'air, température, on peut déjà signaler à l'avance ces influences extérieures comme devant faire varier le volume du nectar produit et la quantité d'eau qu'il renferme.

Avant d'isoler artificiellement ces diverses influences, il est essentiel d'examiner quelles sont les variations qui se produisent dans les conditions naturelles. Nous commencerons donc par observer les phénomènes qui se présentent dans la nature ; cette étude pourra nous donner d'utiles indications pour les expériences ultérieures.

Manière d'opérer.

Je dirai d'abord de quelle manière j'ai fait les observations sur ce sujet.

J'ai mesuré la *quantité totale* de liquide qui se trouve à la surface du tissu nectarifère, sans tenir compte de la variation de sa composition. Nous verrons plus loin comment cette composition peut varier avec les conditions extérieures. C'est toujours l'eau qui s'évapore ou se condense, le sucre ne s'évapore pas. Étudier les variations de volume du liquide sucré, c'est en somme étudier les variations de la quantité d'eau qui s'évapore.

1° *Protection des plantes contre les insectes.* — Comme les insectes peuvent venir pomper le liquide émis au dehors, il est indispensable de protéger les plantes observées contre leur visite. Je me suis servi, à cet effet, de cubes dont les arêtes sont de bois et dont les faces sont formées par du tulle tendu. A la base de quatre faces verticales, se trouvent des planches qui peuvent entrer un peu dans la terre ou être en partie recouvertes latéralement. L'entrée se trouve ainsi interdite plus complètement. A la base des quatre arêtes, sont disposées quatre pointes ; elles fixent solidement en terre le cube de tulle et l'empêchent d'être renversé par le vent. Enfin, l'une des quatre faces verticales peut glisser de bas en haut entre deux rainures. On peut ainsi soulever un des côtés du cube, prendre les parties à observer et refermer dans un temps très-court. De cette manière on évite le déplacement du cube en entier, et l'on n'a pas à craindre la visite des insectes pendant que les plantes sont à découvert.

2° *Mesure du volume de liquide émis par le tissu nectarifère.* — Les mesures de volume ont été faites avec des pipettes graduées terminées en cône. Leur forme et leur calibre sont tels que, par suite des phénomènes capillaires, tout le liquide se réunit à l'extrémité, sans mélange de bulles d'air.

La forme et les dimensions qui m'ont semblé les plus convenables, dans la plupart des cas observés, sont les suivantes :

Un tube de 40 millim. de longueur et de 6 millim. de diamètre se continue par une boule de 20 millim. de diamètre ; il se prolonge au delà par un tube cylindrique gradué, de 60 millim. de long sur 3 millim. de diamètre intérieur. Le dernier centimètre de ce tube est conformé en cône (1), et l'ouverture terminale, à l'extrémité du cône, a $0^{mm},25$ de diamètre. La graduation était faite par jaugeage pour un certain nombre de divisions ; ces divisions étaient ensuite partagées en parties égales.

J'ai été obligé de renoncer aux pipettes à pointe effilée que j'avais employées pour certaines fleurs à long tube ; l'extrémité de la pipette s'obstrue alors très-facilement par le pollen entraîné, ce qui rend la mesure impossible.

3° *Détermination de l'âge du tissu nectarifère.* — Nous verrons plus loin que le volume de liquide émis varie dans des proportions considérables avec l'âge du tissu nectarifère. Pour étudier les variations qui se produisent avec les circonstances extérieures, il est donc absolument essentiel de ne comparer que des tissus nectarifères de *même âge*.

Le plus souvent, lorsqu'il s'agissait de nectaires floraux, je me suis servi de la déhiscence d'un nombre déterminé d'anthères pour fixer cet âge. J'ai ainsi admis, par exemple, que deux nectaires de *Digitalis* sont de même âge, si les fleurs où ils se trouvent ont deux étamines ouvertes et deux étamines fermées.

Pour les nectaires extra-floraux, j'ai dû définir leur âge par celui de l'organe auprès duquel ils se développent. J'ai ainsi admis, par exemple, que deux nectaires du pétiole, chez le

(1) Le cône gradué qui termine la pipette, outre son utilité au point de vue de la capillarité, offre l'avantage de donner des erreurs relatives moindres pour la mesure des volumes très-petits. La longueur occupée par un même volume de liquide augmente à mesure qu'on s'approche du sommet du cône ; l'erreur relative n'est donc pas inversement proportionnelle au volume, comme si l'extrémité de la pipette était cylindrique.

Prunus, sont de même âge s'ils se trouvent sur la sixième feuille à partir du bourgeon, et si le limbe de cette feuille a, pour le même arbre, les mêmes dimensions.

4° *Mesure de la température.* — La température a été mesurée aux heures d'observation : 1° dans les conditions mêmes où se trouvaient les plantes observées ; 2° à l'ombre et au nord.

En beaucoup de cas, les températures *maxima* et *minima* de la journée ont été notées aussi. Nous verrons plus loin quel intérêt leur considération peut présenter.

5° *Mesure de l'état hygrométrique.* — J'avais d'abord employé l'hygromètre Daniell ; mais j'ai obtenu de meilleurs résultats avec l'hygromètre à azotate d'ammoniaque (1).

Dans le cas où l'atmosphère observée était close, je me suis servi de l'hygromètre à cheveu, de M. Monnier, gradué par comparaison.

Indépendamment des mesures précédentes, il est évident que la pluie tombée, le ciel couvert ou découvert, le vent plus ou moins grand, ont dû être notés. Mais la mesure précise de ces diverses influences entraîne beaucoup de difficultés. Aussi, pour les éliminer autant que possible, j'ai choisi pour les observations des jours de beau temps fixe, pour lesquels ces influences étaient sensiblement constantes.

1° Influences des conditions extérieures.

J'ai étudié les variations qui se produisent dans un même lieu et celles qui se présentent lorsqu'on se déplace en latitude et en altitude. Il est bien entendu que toutes les comparaisons

(1) L'instrument dont je me suis servi se compose essentiellement d'un tube argenté poli à l'extérieur sur une face, et de deux thermomètres. On verse dans le tube des poids convenables d'eau distillée et d'azotate d'ammoniaque cristallisé. On observe les températures intérieure et extérieure au moment de l'apparition et de la disparition de la buée sur la face d'argent. L'état hygrométrique est donné par les tables de Regnault.

Je me suis assuré par des expériences comparatives que la petite quantité d'eau placée dans le tube n'altère pas sensiblement l'état hygrométrique de l'air ambiant.

suivantes sont faites sur les tissus nectarifères de même âge, chez les mêmes espèces de plantes.

§ 1er. — Variations dans un même lieu.

On peut chercher à connaître comment varie le volume de nectar :

1° Aux différentes heures d'une même journée;

2° Pendant des jours successifs.

1° *Variations aux différentes heures de la journée.* — J'ai fait sur ce point trois séries d'observations sur six espèces de plantes placées dans les conditions naturelles, à Louye (Eure). Ces observations ayant été faites à côté d'un rucher, j'ai pu vérifier les mesures directes par d'autres procédés d'investigation.

Toutes les observations qui suivent sont relatives à des jours de beau temps fixe, sans vent, et pendant lesquels le ciel est resté constamment découvert. Je n'ai pas tenu compte, pour les variations qui nous occupent maintenant, des observations faites dans les autres journées.

Dans une première série d'observations (24, 25, 26, 27 juin), les mesures ont été faites sur les plantes de deux heures en deux heures; en même temps la température et l'état hygrométrique étaient notés.

Les mesures étaient faites de la manière suivante pour les quatre espèces examinées.

Sedum acre. — On prenait sur chaque cyme la première fleur dont les anthères n'étaient pas encore ouvertes. A chaque observation, trois fleurs étaient prises dans ces conditions. On aspirait avec la pipette à la base externe des cinq carpelles.

Lavandula vera. — Dix fleurs dont 1-2 étamines seulement sont ouvertes. On détache la corolle, on la retourne, et l'on presse le tube en aspirant avec la pipette. L'opération était faite deux fois; si les deux volumes observés étaient suffisamment voisins, la moyenne était prise.

Thymus Serpyllum. — Même manière d'opérer sur des fleurs dont deux des étamines sont écartées.

Allium nutans. — Sur six fleurs dont les anthères ouvertes ne sont pas encore détachées du filet, on place successivement la pipette entre les trois carpelles, à l'ouverture des glandes septales.

Ces conditions ont été déterminées après quelques essais préalables sur la constance du volume de nectar émis dans les mêmes conditions extérieures, par des fleurs ainsi définies.

Les variations observées dans la journée ont été sensiblement les mêmes pendant ces quatre jours. Il me suffira de citer les résultats observés pour l'un d'entre eux.

Variations du nectar dans la journée

(27 juin).

HEURES d'observation.	*Sedum acre* (3 fleurs).	*Lavandula vera* (10 fleurs).	*Thymus Serpyllum* (6 fleurs).	*Allium nutans* (3 fleurs).	TEMPÉRATURE à l'ombre.	TEMPÉRATURE au soleil.	ÉTAT hygrométrique de l'air.	TEMPS.
	mm. c.	mm. c.	mm. c.	mm. c.				
5 h.	10,0	18,5	1,5	24,0	20°,5	»	0,80	Lumière diffuse
7	5,0	18,5	0,5	18,5	22,5	24°,0	0,74	Soleil.
9	1,5	10,0	0,5	5,0	25,0	27,0	0,64	Id.
11	0,5	10,0	0,2	6,0	27,0	30,0	0,56	Id.
1	0,5	5,0	0,05	5,0	27,5	31,5	0,55	Id.
3	0,3	3,0	0,0	3,0	28,25	34,0	0,50	Id.
5	0,2	7,5	0,25	5,0	27,0	30,5	0,57	Id.
7	0,5	10,0	0,5	7,8	24,0	27,0	0,70	Id.
9	1,5	10,0	0,5	8,0	22,0	»	0,91	Crépuscule.

On voit que pour toutes les plantes observées le volume du nectar a diminué, a passé par un minimum vers trois heures de l'après-midi et s'est ensuite élevé vers le soir. En même temps la température s'élève, puis s'abaisse, passant par un maximum vers trois heures. L'état hygrométrique varie dans le même sens que le volume de nectar.

On a obtenu trois tableaux d'observations tout à fait semblables à celui-là pour les trois autres journées. Ainsi les résultats ont toujours été les mêmes :

Dans une même journée de beau temps fixe, le volume du nectar diminue, puis augmente; le minimum est dans l'après-midi. Ce volume varie en sens inverse de la température, dans le même sens que l'état hygrométrique.

Ces résultats montrent déjà que la quantité de liquide qui reste condensée sur le tissu nectarifère doit être en relation avec la transpiration de la plante. On sait en effet que la quantité d'eau transpirée passe au contraire par un maximum dans l'après-midi, augmentant dans la matinée, diminuant dans la soirée (1). Mais les conclusions à déduire de cette comparaison ne peuvent pas encore être énoncées maintenant; j'y reviendrai à propos d'expériences directes sur ce sujet.

Première vérification des résultats précédents. — Dans l'étude physiologique d'un phénomène, il est bon d'avoir recours à plusieurs procédés différents pour mettre en évidence les variations observées. Dans le cas actuel, je tenais d'autant plus à contrôler les résultats précédents que M. Darwin a supposé qu'il se produit une variation inverse de celle que nous venons d'observer (2).

Pendant deux journées, les poids de deux ruches ont été notés aux heures mêmes où les observations étaient faites sur les plantes citées plus haut. Les pesées ont été prises avec des bascules de précision analogues à celles dont on se sert dans la fabrication des poudres de guerre.

(1) Voyez, à ce sujet, Sachs, *Physiologie botanique*, p. 252-253.

(2) Voy. Darwin, *Fécondat. croisée* (*loc. cit.*), p. 412 et 433.

M. Delpino avait contredit M. Darwin sur ce point au sujet des stipules de *Vicia sepium* (voy. Delpino, *Revista botanica dell'anno* 1876; Milan, p. 47, 1877).

Pour la même journée d'observations que je viens de citer, par exemple, on obtient les résultats suivants :

En représentant par des ordonnées proportionnelles les diverses quantités mesurées aux heures successives de la journée, on obtient une série de courbes. On peut les placer les unes au-dessous des autres pour les comparer, de manière que les quantités mesurées aux mêmes heures soient sur la même verticale.

Les quatre premières courbes ont leurs ordonnées proportionnelles au volume de nectar observé. Les deux courbes suivantes représentent les variations de la température et de l'état hygrométrique pendant la journée. Enfin les deux dernières donnent les poids successifs de deux ruches aux différentes heures. Si nous suivons une de ces dernières courbes, nous remarquerons que le poids d'une ruche qui est de 30 kil. 580 gram. à 4 heures du matin, diminue progressivement jusqu'au *minimum* de 30 kil. 300 gram. à 8 heures du matin. Puis remonte à 30 kil. 585 gram. à midi, redescend lentement jusqu'à 30 kil. 380 gram. dans l'après-midi, et remonte rapidement jusqu'à atteindre 30 kil. 900 gram. à 8 heures du soir.

On voit que le poids des deux ruches a d'abord beaucoup diminué, ce qui indique la sortie des Abeilles le matin ; puis, qu'il augmente à la fin de la matinée, ce qui correspond à la fois à la récolte du matin et à une rentrée relative des Abeilles. C'est le moment où le nectar diminue le plus dans les fleurs. Enfin, tout à fait dans la soirée, une nouvelle descente de la courbe marque une nouvelle récolte et la rentrée définitive des Abeilles.

Ainsi le poids des deux ruches a passé par un *maximum* dans l'après-midi, à l'heure où le volume du nectar dans les fleurs passait par un *minimum*. On conçoit en effet que la sortie des Abeilles soit moins active au moment où le nectar des fleurs est presque réduit à zéro (1).

(1) Aussi, dans les jours de très-forte récolte, lorsque le nectar est encore assez abondant dans l'après-midi, on n'observe pas une dépression aussi pro-

— On peut vérifier directement que ce maximum de la courbe au milieu de la journée correspond bien à un ralentissement de la récolte : le nombre d'Abeilles rentrant par minute a été compté toutes les heures. Pour compter facilement les Abeilles, les ruches en observation étaient placées derrière un mur ; au travers de ce mur, des ouvertures permettaient aux Abeilles de sortir de l'autre côté. Pour cela, elles devaient passer par un large couloir vitré. Lorqu'elles rentraient, on pouvait facilement compter à travers la vitre combien il en revenait à la ruche pendant quatre minutes (1).

Le nombre des Abeilles qui entraient dans la ruche a été trouvé plus grand à la fin de la matinée et à la fin de la soirée. Il passait par un minimum dans l'après-midi. Ce qui contrôle les résultats précédents.

Seconde vérification. — Si l'on observe la rentrée des Abeilles aux différentes heures d'une belle journée de miellée, on remarque qu'elles semblent toujours plus chargées de nectar dans la matinée qu'au commencement de l'après-midi (2).

Pour vérifier cette supposition, les Abeilles rentrant ont été pesées, par un jour de forte récolte, à neuf heures du matin et à une heure du soir. On ne prenait que les Abeilles rapportant du nectar seulement, sans pollen aux pattes. Elles étaient tuées par la vapeur d'éther et pesées immédiatement après.

Pour le poids moyen de dix Abeilles, on a :

Neuf heures du matin	$1^{gr},21$
Une heure du soir	$1^{gr},07$

Cette observation vient encore vérifier les conclusions précédentes. Chaque Abeille rapporte une récolte plus considérable

noncée de la courbe dans le milieu de la journée ; mais il y a toujours au moins un ralentissement notable dans l'augmentation de poids à ce moment.

J'ai trouvé que des résultats analogues avaient été obtenus dans l'Amérique du Nord (*Bee American Journal*, 1872). Le poids du nectar récolté en une heure par les Abeilles a été trouvé plus grand le matin et le soir qu'au milieu de la journée.

(1) Comme dans tous les cas où deux observateurs étaient indispensables, j'ai été aidé par M. de Layens dans mes observations.

(2) Elles tombent plus lourdement sur le plateau des ruches.

au moment où le nectar se trouve en plus grande quantité sur les tissus nectarifères.

Une seconde série d'observations analogues aux précédentes a été faite à Louye sur les espèces suivantes : *Lavandula vera*, *Allium nutans*, *Silene inflata*, *Trifolium medium*, et sur les nectaires extra-floraux du *Vicia sativa*. Par les journées de beau temps, les 2 et 3 juillet par exemple, les résultats ont été les mêmes que les précédents.

J'ai observé cette même variation diurne par 62 degrés de latitude (Norvége) et à 1700 mètres d'altitude (Alpes). Par une belle journée précédée elle-même de plusieurs jours de beau temps, j'ai encore trouvé les mêmes résultats.

Lorsque les conditions de chaleur et de sécheresse s'accentuent, la variation peut arriver à ces termes extrêmes. C'est ainsi que dans les plaines de Provence, par les journées de la saison chaude, on ne trouve plus de nectar dans la plupart des fleurs pendant presque toute la journée ; à ce moment, les Abeilles ne sortent plus. En Algérie, aux environs de Blidah, c'est seulement au commencement de la matinée que les Abeilles peuvent trouver de quoi faire une récolte, pendant l'été. Elles ne sortent absolument que le matin et sont toutes rentrées à huit heures (1).

La variation est plus ou moins marquée suivant les espèces, on l'a vu par les résultats qui précèdent. On comprend, par exemple, que l'évaporation de l'eau contenue dans le nectar soit moins grande, toute autre condition égale d'ailleurs, dans le fond d'un long tube corollin que sur un tissu nectarifère découvert. Aussi la variation de volume peut-elle être quelquefois très-grande pour le liquide sucré des nectaires découverts. J'en citerai l'exemple suivant. A Huez (Oisans), les *Sempervivum tectorum*, *S. arachnoideum*, *S. montanum*, *Sedum reflexum*, *S. maximum*, croissent en abondance sur les rochers. Par certaines chaudes journées de juillet on trouve du nectar en quantité notable à la base des carpelles dans la matinée, et l'on

(1) M. Todd, apiculteur à Blidah (mss. inéd.).

n'en trouve pas dans l'après-midi. Le matin, les Abeilles visitaient abondamment ces fleurs, on n'en rencontrait pas une dans la soirée sur les Crassulacées (1).

Ainsi, pour les différentes localités et pour les différentes plantes, la variation diurne est plus ou moins intense; mais dans tous les cas, elle se produit dans le même sens.

Par un beau temps fixe, le volume du nectar diminue dans la journée, puis augmente. Le minimum est dans l'après-midi, le maximum au commencement de la matinée.

2° *Variations pendant des jours successifs.* — Étudions maintenant comment varie le volume du nectar pour une même espèce, à la *même heure*, pendant une suite de jours consécutifs.

Les conditions complexes et variables de l'humidité du sol et de l'air nous empêcheront évidemment d'arriver à une conclusion précise, si nous choisissons pour les observations une suite de jours quelconques, où le temps a pu changer de la manière la plus irrégulière. J'ai dû faire une suite d'observations diurnes (mais espacées de quatre en quatre heures) pendant plusieurs journées. J'ai ensuite considéré les résultats obtenus lorsqu'une série ininterrompue de belles journées a succédé à des jours de pluie. Je n'ai pas tenu compte des autres résultats.

Une fois en juin et une seconde fois au commencement de juillet, à Louye, ces conditions ont été à peu près remplies. J'ai pu ainsi constater que, d'une manière assez générale, le volume de nectar augmente dans les premiers jours de soleil

(1) Ajoutons que certaines circonstances pourraient induire en erreur lorsqu'on veut comparer la production du nectar chez différentes espèces. Ainsi j'ai observé les Abeilles allant dès cinq heures du matin sur les fleurs de Tilleul situées à 200 mètres du rucher, tandis qu'à cette heure-là elles ne visitent pas les fleurs du *Trifolium repens* placé près des ruches. C'est qu'une rosée abondante s'était produite sur ces plantes basses, tandis qu'il n'y en avait pas eu sur les hautes branches de Tilleul. J'ai écarté de mes observations toutes celles où la variation pouvait avoir été troublée par la rosée.

qui suivent la pluie; puis diminue peu à peu, par une suite de jours secs et beaux.

Seulement, dans ces expériences, le soleil a été de temps en temps plus ou moins découvert, ce qui pouvait changer la quantité mesurée dans une proportion considérable; il y avait ainsi une cause d'erreur qui peut expliquer certains résultats contradictoires.

Il me restait donc quelques doutes sur le sens de la variation. J'ai alors éliminé l'influence trop variable de la lumière solaire directe, et j'ai opéré constamment à la lumière diffuse.

Les observations ont été faites dans le jardin de l'École normale supérieure, sur six espèces de plantes. Mais comme les conditions expérimentales ont été un peu différentes de celles de Louye, je dois d'abord en dire quelques mots.

Les plantes protégées contre les insectes étaient toujours exposées à la lumière diffuse. Comme c'étaient des plantes de jardin, il était indispensable, dans une longue suite de jours secs, de leur fournir une certaine quantité d'eau. Pour empêcher cette humidité artificielle de masquer la variation générale, je versais *le même volume* d'eau pour une espèce donnée, *après* chaque observation. J'ai conservé ainsi les plantes en bon état, tout en pouvant suivre la marche du phénomène.

Les espèces observées étaient les suivantes :

Fuchsia globosa. — Fleur dont 2-3 anthères étaient ouvertes. Six fleurs ainsi définies étaient prises, et je mesurais le volume de nectar produit. Six autres étaient prises ensuite, et si les résultats des deux mesures étaient suffisamment voisins, je prenais la moyenne.

Lantana Camara. — J'opérais comme pour le *Lavandula vera*, cité plus haut (voyez p. 161).

Phlox Drummondi. — Idem.

Petunia nyctaginiflora. — Idem.

Corydallis lutea.—La corolle était ouverte et l'on recueillait avec la pipette : 1° la goutte tombée au fond de l'éperon du pétale; 2° la gouttelette qui reste souvent adhérente à l'éperon staminal. Deux moyennes de dix fleurs.

Antirrhinum majus. — La pipette était promenée tout autour de l'ovaire et dans le renflement basilaire de la corolle. Deux moyennes de trois fleurs.

La température et l'état hygrométrique étaient déterminés comme précédemment, à la même lumière diffuse. Je faisais trois observations par jour : à 6 heures du matin, à 3 heures et à 8 heures du soir. Après des jours de temps variable et de pluie (du 9 au 13 juillet), il s'est produit une suite ininterrompue de jours où le temps est resté pour ainsi dire invariable, pendant les 14, 15, 16, 17, 18 et 19 juillet. Voici les résultats obtenus pendant cette suite de jours.

Variations du nectar pendant des jours successifs.

JOURS des observations.	HEURES des observations	*Fuchsia globosa* (6 fleurs).	*Petunia nyctaginiflora* (3 fleurs).	*Phlox Drummondi* (6 fleurs).	*Lantana Camara* (6 fleurs).	*Corydallis lutea* (10 fleurs).	*Antirrhinum majus* (3 fleurs).	TEMPÉRATURE.	ÉTAT HYGROMÉTRIQUE.	TEMPS.
		mm. c.	mm. c.	mm. c.	mm. c.	mm. c.	mm. c.			
14 juillet.....	6 h.	250	75	15	25	45	70	15°	0,85	Beau.
	3	130	50	10	15	35	45	20	0,59	Id.
	8	245	60	15	15	45	68	17,5	0,72	Id.
15 juillet.....	6 h.	340	70	25	25	45	70	14,5	0,75	Un peu couvert.
	3	150	50	10	24	25	40	20	0,60	Beau.
	8	335	69	15	25	35	50	18,5	0,68	Id.
16 juillet.....	6 h.	450	80	20	35	50	81	15,5	0,80	Beau.
	3	230	60	13	25	36	45	22	0,54	Id.
	8	300	79	14	30	46	75	18,7	0,69	Id.
17 juillet.....	6 h.	180	75	15	30	35	70	17	0,78	Beau.
	3	100	50	12	25	25	60	24	0,50	Id.
	8	150	70	13	25	35	70	21	0,65	Id.
18 juillet.....	6 h.	160	70	15	25	32	69	20	0,69	Beau.
	3	85	45	10	23	23	45	27	0,49	Id.
	8	90	60	12	24	25	51	24	0,51	Id.
19 juillet.....	6 h.	105	70	14	25	28	60	21	0,68	Beau.
	3	52	42	9	18	20	35	30	0,47	Id.
	8	80	58	12	22	23	49	26	0,50	Id.

On voit que ces observations confirment nettement les conclusions que j'avais pu déduire de celles faites à Louye.

Après les jours couverts ou les jours de pluie qui ont duré jusqu'au 13 juillet, le volume du nectar *à la même heure*, pendant les jours successifs de beau temps, augmente rapidement en deux ou trois jours, passe par un maximum, puis diminue peu à peu.

On comprend en effet qu'il faut quelque temps avant que la quantité d'eau qui arrive au nectaire passe par un maximum. L'effet antérieur s'ajoutant à l'effet actuel, la plus grande quantité d'eau exsudée se produira, non pas dès le premier jour qui suit la pluie, mais seulement le lendemain ou le surlendemain. Ensuite l'air et le sol devenant relativement plus secs dans une suite de belles journées, la quantité de liquide condensé ira en diminuant progressivement.

L'intensité de la variation n'est pas identique, comme on pouvait s'y attendre, chez les différentes espèces; mais pour toutes les six, son sens général est le même. La température a peu varié pendant ces jours successifs de beau temps; l'état hygrométrique de l'air s'est peu à peu abaissé.

Chez cinq espèces observées, la quantité de nectar la plus forte a été trouvée le matin du troisième jour de beau temps ; chez la sixième (*Phlox*), le matin du second. Pour toutes les six, le maximum de nectar observé à 3 heures s'est produit le 16 juillet ; pour toutes les six, le volume de nectar observé à la même heure a diminué progressivement du 16 au 20 juillet.

Le *Fuchsia* a présenté de très-grandes variations. Le volume du nectar à 6 h. du matin a augmenté de 250 millim. cubes à 450 millim. pour redescendre ensuite jusqu'à 105 millim. Les variations sont moins prononcées chez les fleurs où le nectar est mieux protégé contre l'évaporation, comme pour le *Petunia* et le *Lantana*, dont les nectaires sont situés au fond d'un long tube étroit.

En somme, le résultat général est le même dans tous les cas observés :

Après des jours de pluie, pendant une série ininterrompue de belles journées, le volume de nectar récolté à la même heure sur des tissus nectarifères de même âge, chez une même espèce de plante, augmente d'abord assez rapidement, puis diminue peu à peu. — Le maximum a lieu le plus souvent vers le second ou le troisième jour.

Vérifications des résultats précédents. — Dans la courbe qui représente le poids d'une ruche aux différentes heures d'une même journée (voy. page 164), la différence entre la dernière ordonnée et la première représente l'augmentation du poids de la ruche pendant la journée. C'est la différence entre la récolte et la consommation ; c'est la réserve de miel emmagasinée.

Par une journée peu nectarifère, la consommation par les Abeilles peut surpasser la récolte, et la différence sera en sens contraire ; la ruche aura perdu du poids dans la journée.

Si l'on note tous les jours cette différence de poids dans un sens ou dans l'autre, on peut avoir une idée de la plus ou moins grande récolte de nectar dans les jours successifs ; ce procédé indirect permet de contrôler le résultat qui précède.

Le poids d'une ruche a été ainsi noté tous les jours à Louye du 1er juin au 31 juillet (1). Il y a eu augmentation de poids, c'est-à-dire récolte abondante :

1° Du 2 au 9 juin ;
2° Du 20 au 28 juin ;
3° Du 16 au 28 juillet.

Ce qui donne trois périodes nectarifères ; la troisième est très-intense : le poids des ruches a augmenté quatre fois plus que dans les deux premières.

Or, considérons la succession des jours de pluie ou de soleil, et la suite des températures maxima et minima observées tous les jours. Nous trouverons aussi trois périodes pendant lesquelles une suite de jours beaux et secs ont succédé à une suite de

(1) M. de Layens a aussi observé une variation analogue à celle indiquée ici, dans la récolte diurne des ruches à 1500 mètres d'altitude (Huez) (mss. inéd.).
J'ajouterai qu'au Chili, dans la saison où il pleut presque tous les soirs et où il fait un temps découvert presque tous les matins, le nectar est continuel et extrêmement abondant sur les nectaires.

jours pluvieux. Au commencement de chacune de ces trois périodes, la température a augmenté rapidement.

Ces périodes sont :

1° Du 1er au 12 juin ;

2° Du 18 au 30 juin ;

3° Du 14 au 27 juillet.

On voit que ces trois intervalles comprennent les précédents. En outre dans chaque période de miellée, c'est le second ou le troisième jour que l'augmentation de poids a été la plus grande ; ensuite elle va en diminuant progressivement.

Ces résultats concordent avec ceux qui précèdent.

§ 2. — Variations avec la latitude et l'altitude.

J'ai observé aussi comment variait, dans les mêmes conditions, le volume de liquide sucré d'un nectaire, lorsqu'on se déplace en latitude et en altitude.

a. *Variations avec la latitude.* — J'ai donné le résultat de mes observations sur ce sujet dans les *Annales des sciences naturelles* (1) ; je me bornerai à les résumer en quelques lignes en y ajoutant d'autres faits.

Le nectar des fleurs de même âge a été mesuré chez les mêmes espèces (*Silene inflata, Trifolium medium*) à Louye (Eure), par 49 degrés de latitude, et à Domaas (Norvége), par 62 degrés de latitude. La longueur du jour était la même, les conditions d'état hygrométrique et de température analogues. Les observations ont été faites aux mêmes heures, sensiblement par le même temps, dans les deux cas après un grand nombre de jours découverts ; la durée du jour était sensiblement la même aux deux époques d'observation.

Tous les volumes de nectar mesurés à Domaas ont été trouvés plus grands que ceux mesurés à Louye (2).

(1) Voy. Gaston Bonnier et Ch. Flahault, *Observations sur les modifications des végétaux* (*loc. cit.*), 1879.

(2) On trouvera un tableau des résultats comparatifs (*ibid.*, p. 109).

Certaines espèces (*Potentilla Tormentilla*, *Geum urbanum*) émettent abondamment du nectar en Norvége, tandis qu'aux environs de Paris elles en sont presque complètement dépourvues.

On peut aussi juger par l'observation des insectes de cette différence dans la production externe des liquides sucrés. J'ai noté six espèces de *Bombus* visitant quatre espèces de plantes qui ne sont visitées ni en France (1), ni en Thuringe (2), par les Bourdons.

En Danemark, j'ai observé les Abeilles et les Bourdons qui visitaient activement cinq espèces d'*Hieracium*, sur lesquels je n'ai jamais observé ces insectes en France.

J'ai noté un assez grand nombre d'espèces sensiblement plus mellifères et plus visitées que les mêmes espèces sous nos latitudes (3).

Dans les montagnes, à la même altitude, j'ai constaté que quatre espèces de Gentianes émettaient plus de nectar dans les Alpes scandinaves que dans les Alpes françaises. J'ai aussi constaté que le phénomène de la *miellée* (4) était très-intense et très-fréquent en Norvége.

Des observations qui précèdent on pourrait conclure que le volume de nectar émis semble augmenter avec la latitude.

Mais il faut ajouter que cette augmentation peut n'avoir pas lieu chez des plantes étrangères à la Scandinavie et cultivées dans les jardins (5). Les comparaisons n'ont été faites que pour des plantes spontanées.

(1) Environs de Paris.

(2) D'après M. H. Müller, *loc. cit.*

(3) Ajouter aux espèces citées dans les *Annales des sciences naturelles*, p. 110, les espèces suivantes que j'ai trouvées plus nectarifères en Scandinavie qu'en France : *Tanacetum vulgare*, *Knautia arvensis*, *Leontodon proteiformis*, *Parnassia palustris*, *Scabiosa Succisa*.

(4) Voy. *loc. cit.*, p. 110.

(5) M. le docteur Dahm m'a cité les espèces suivantes, *cultivées* en Suède, comme étant au contraire moins visitées qu'en Allemagne : *Potentilla fruticosa*, *Mentha piperitides*.

b. *Variations avec l'altitude.* — On trouvera aussi dans le mémoire que je viens de citer des indications relatives à la variation du nectar avec l'altitude (1).

L'augmentation du nectar produit sur l'*Isatis tinctoria* et le *Silene inflata*, lorsqu'on s'élève de 400 à 1500 mètres d'altitude (Alpes), y est signalée, de même que la récolte moyenne des ruches, qui augmente régulièrement avec l'altitude (Pyrénées-Orientales) (2).

Ainsi, pour les plantes spontanées, le volume de nectar produit dans les mêmes conditions semble augmenter avec l'altitude.

Il faut encore excepter les plantes de plaine qu'on tente de cultiver dans les jardins à de grandes altitudes (3).

— Cette augmentation dans le volume du nectar lorsqu'on s'élève en altitude et en latitude tient peut-être aux plus grandes différences qu'on observe, en été, entre les températures maxima et minima de la journée.

§ 3. — Influences extérieures isolées.

Par suite des nombreuses observations ou expériences qui précèdent, nous sommes naturellement portés à supposer que deux causes extérieures principales doivent agir sur l'émission du liquide à travers les tissus nectarifères :

1° L'humidité du sol ;

2° L'humidité de l'air.

Cherchons maintenant à isoler chacune de ces deux causes, pour voir si notre supposition est vérifiée, si chacune d'elles produit, en variant seule, des résultats sensibles.

(1) Voy. *loc. cit.*, p. 112-113.

(2) M. Battandier a observé à Mouzaia (Algérie) que l'*Allium multiflorum* est plus nectarifère à 1640 mètres que dans la plaine (obs. inéd.).

(3) Le *Lavandula Stœchas* cultivé à 1500 mètres dans les Alpes est moins visité que dans les plaines du Midi, où il est spontané. On peut supposer que ces plantes non spontanées, qui fructifient mal ou ne fructifient pas, produisent moins de sucres en leurs tissus nectarifères dans ces conditions que dans leurs régions natales. D'où une visite moins fréquente des insectes.

a. *Influence de l'humidité du sol isolée.* — Pour étudier l'action de l'humidité du sol isolée, il faut comparer deux échantillons de la même espèce placés dans les mêmes conditions de température, de lumière et dans un air où l'état hygrométrique soit le même, en faisant varier seulement la quantité d'eau contenue dans le sol. Mais comme chaque espèce ne peut vivre en général que lorsque la quantité d'eau qui est dans le sol se trouve comprise entre certaines limites, il faut se tenir entre ces limites extrêmes pour faire l'expérience.

Je citerai l'expérience suivante :

Deux pieds d'*Allium nutans* A et B, également fleuris, sont placés dans des pots à fleur avec de la terre. Le pied A ainsi disposé est plongée dans l'eau; le pied B est laissé dans la terre peu humide. La température est la même pour les deux échantillons (elle a varié de 15° à 17°).

L'état hygrométrique déterminé auprès des deux inflorescences a été trouvé le même (il a varié de 0,62 à 0,73 pendant l'expérience).

Le nectar a été mesuré au bout de trois heures sur les fleurs de même âge définies comme plus haut (voy. page 162). J'ai trouvé :

Volume du nectar pour trois fleurs (moyenne).	Pied A, immergé....	57mmc
	Pied B, non immergé.	41mmc

Les fleurs qu'on avait observées ont été marquées; les gouttes de nectar étant à découvert, j'avais pu les aspirer sans arracher la fleur. Le pied A a été retiré de l'eau.

Le surlendemain, j'ai fait l'expérience inverse : c'est le pied B qui a été immergé au contraire. En faisant les mesures sur les *mêmes* fleurs marquées, j'ai trouvé au bout de trois heures :

Volume du nectar pour trois fleurs (moyenne).	Pied B, immergé.....	52mmc
	Pied A, non immergé.	48mmc,5

Dans cette seconde expérience la température (la même pour les deux plants) avait varié de 15° à 18°; l'état hygrométrique de 0,70 à 0,80. Les deux expériences ont été faites à la lumière diffuse, de deux heures à quatre heures.

J'ai obtenu des résultats analogues en opérant dans une chambre à température constante (14°,7 à 15° pendant l'expérience), à état hygrométrique sensiblement constant (0,65 à 0,68 pendant l'expérience). L'espèce observée était l'*Erica campanulata*. En ce cas, les corolles étaient enlevées à chaque mesure, et la moyenne prise sur dix fleurs dont les anthères étaient en partie ouvertes.

La contre-expérience a été aussi opérée, en changeant réciproquement les conditions d'humidité du sol pour les deux individus. Dans la première expérience, la terre du premier avait reçu un volume d'eau double de celui donné à la terre du second. Dans la seconde expérience faite le surlendemain, dans les mêmes conditions de température et d'état hygrométrique, on a fait l'inverse.

On peut conclure de ces résultats que :

Toutes conditions égales d'ailleurs, la quantité de liquide émise par les tissus nectarifères augmente avec la quantité d'eau absorbée par les racines, pourvu que la quantité d'eau donnée à la plante ne soit ni trop faible, ni trop forte, pour l'empêcher de vivre d'une façon normale.

b. *Influence de l'humidité de l'air isolée*. — Si au contraire nous voulons faire varier l'humidité de l'air seulement, en maintenant les autres conditions égales, nous pourrons opérer de la manière suivante :

Une plante A est placée à l'air libre.

Une plante B de la même espèce est placée sous une grande cloche ; on met en même temps sous cette cloche un vase rempli d'eau, de manière à avoir au bout d'un certain temps un espace à peu près saturé d'humidité (1).

On avait donné précédemment, pendant plusieurs jours successifs, la *même* quantité d'eau aux plantes A et B.

Quand les volumes de nectar dans les fleurs de même âge

(1) L'état hygrométrique sous la cloche était déterminé par un hygromètre Monnier.

ont été comparés chez les deux plantes, on fait l'expérience inverse en mettant au contraire la plante A sous cloche et la plante B à l'air libre. Au bout d'un nouvel intervalle de temps, on mesure de nouveau le nectar produit chez les deux espèces.

Je citerai les résultats suivants :

Erica campanulata.

		ÉTAT hygrométrique.	VOLUME DE NECTAR observé après 24 heures (moy. pour 10 fleurs).
Température, 15°; plants arrosés avec le même volume d'eau.	A, à l'air libre.......	0,65	18mmc,5
	B, sous cloche, avec eau à côté......	0,98	47mmc,5

Hyacinthus orientalis (1).

		ÉTAT hygrométrique.	VOLUME DE NECTAR observé après 24 heures (moy. pour 10 fleurs).
Température, 15°; plants arrosés avec le même volume d'eau.	A, à l'air libre.......	0,70	0mmc,0
	B, sous cloche, avec eau à côté......	0,98	3mmc,5

Primula sinensis, *Vicia sativa* (stipules). — Résultats analogues. Il suit de là que :

Toutes conditions égales d'ailleurs, la quantité de liquide qui reste au-dessus du tissu nectarifère augmente avec l'état hygrométrique de l'air.

On comprend très-bien que c'est l'état hygrométrique qui influe, et non la quantité absolue de vapeur d'eau contenue dans l'air. C'est en effet l'évaporation plus ou moins facile de l'eau qui fait varier le volume du liquide ; c'est avec l'état hygrométrique de l'air que cette évaporation se trouve en relation.

Plantes rendues artificiellement nectarifères. — En faisant agir à la fois les deux causes que nous venons d'étudier isolément, j'ai pu obtenir une émission de liquide sucré par des nectaires qui n'en fournissent pas dans les conditions naturelles.

(1) On prenait les fleurs qui avaient deux étamines ouvertes sur six.

1re *expérience.* — L'*Hyacinthus orientalis*, cultivé en terre, n'émet ordinairement aucune gouttelette de nectar par ses glandes septales (1).

J'ai pris plusieurs pieds de Jacinthes qui étaient dans ces conditions. Les fleurs d'âge défini, où deux étamines sur six étaient ouvertes, ne présentaient aucune goutte de nectar chez toutes ces Jacinthes.

Les uns, A, ont été laissés à l'air libre dans la terre un peu humide; les autres, B, ont été placés sous cloche et en outre arrosés à saturation; un vase plein d'eau placé sous la cloche amenait l'état hygrométrique jusqu'à 0,98 ou 0,99.

Au bout de 6 heures, les fleurs des plants de Jacinthe placés sous cloche présentaient aux orifices des glandes septales trois gouttelettes de 0mm,25 de diamètre en moyenne. Au bout de trente heures, trois gouttelettes de 1mm,5 de diamètre. Le jour suivant, les fleurs de même âge contenaient 6mmc,5 de liquide sucré; la plante était devenue très-nectarifère. Pendant ce temps les pieds A, laissés dans les conditions ordinaires (un peu arrosés, par un état hygrométrique 0,70), continuaient à ne produire aucune gouttelette (février).

2e *expérience.* — Parmi les Liliacées, le genre *Tulipa* est dépourvu de glandes septales. En général, il n'y a aucune production de nectar dans les fleurs des diverses espèces de ce genre. En opérant comme pour l'espèce précédente, j'ai provoqué l'émission d'un liquide sucré abondant entre la base de l'ovaire et les étamines, chez ces plantes non nectarifères. J'ai opéré d'abord sur les *Tulipa Gessneria* et *T. suaveolens* à une température d'environ 12°; puis sur le *Tulipa silvestris* à une température de 15° à 16°. Dans les trois cas, j'ai obtenu au bout de vingt-quatre heures l'émission de nectar, en plongeant ces espèces dans l'eau et en plaçant leurs fleurs dans de l'air à peu près saturé.

3e *expérience.* — J'ai opéré de même, en été, avec le *Ruta*

(1) Voy. H. Müller, *loc. cit.*, p. 63. L'observateur allemand n'a pas trouvé non plus la moindre gouttelette de nectar dans les conditions ordinaires.

graveolens, dont le tissu nectarifère, très-développé, ne produit en général aucun liquide sucré dans nos pays :

HEURES des observations.	*RUTA GRAVEOLENS* (juillet).		
	PLANTE en terre peu arrosée (3 pieds).	PLANTE plongée dans l'eau à l'air d'état hygrométr. 0,65 (3 pieds).	PLANTE plongée dans l'eau et sous cloche à l'air d'état hygrométr. 0,97 (3 pieds).
Mise en expérience.. 9 h.	0 nectar.	0 nectar	0 nectar.
10	0	toutes petites gouttelettes.	$0^{mmc},25$ de nectar.
11	0	$0^{mmc},25$	$1^{mmc},25$
3	0	Il a reparu sur les mêmes fleurs de petites gouttelettes.	Il a reparu sur les mêmes fleurs $0^{mmc},50$ de nectar.

— J'ai aussi rendu artificiellement nectarifères les tissus à sucre des *Galium Mollugo*, *Convallaria maialis*, qui n'émettent aucun liquide sucré dans les conditions ordinaires, sous nos latitudes.

Ces expériences mettent en évidence d'une manière frappante les influences de l'humidité du sol et de l'humidité de l'air.

2° Influence des conditions intérieures.

On peut se demander maintenant quelles sont les différentes causes internes qui peuvent activer la production du liquide. La poussée des racines, la force capillaire des vaisseaux, agissent-elles ou non dans ce phénomène? M. Sachs (1) pense qu'elles n'ont aucune action d'après des observations faites sur le *Fritillaria imperialis*. Les feuilles d'*Alchimilla* coupées et plongées dans l'eau ne reproduisent pas de gouttelettes liquides, tandis que la tige fleurie de *Fritillaria* coupée et plongée dans l'eau continue à donner du nectar dans la fleur.

(1) Voy. Sachs, *Physiologie botanique*, p. 259.

M. Sachs en conclut que les cellules des tissus nectarifères ont seules le pouvoir de produire du liquide au dehors, tandis que, pour les autres tissus, la poussée des racines est indispensable à la reproduction des gouttelettes liquides.

Pour chercher à résoudre cette question, j'ai fait les expériences comparatives suivantes :

1° La plante entière avec ses racines plongées dans l'eau ou dans la terre saturée d'eau (1),

2° La tige coupée plongée dans l'eau,

3° Le tissu nectarifère isolé, dont la partie interne est plongée dans l'eau, sont examinés simultanément dans les mêmes conditions de température et d'état hygrométrique.

J'ai mesuré le temps nécessaire pour reformer sur chacun de ces nectaires un volume donné de liquide.

Pour étudier le tissu nectarifère isolé, j'en fixais latéralement un fragment sur des morceaux de liège et je le plaçais à la surface de l'eau, comme je l'ai indiqué page 152 pour l'*Amygdalus*.

Voici quelques résultats :

HEURES des observations.	*VICIA SATIVA.*		
	PLANTE ENTIERE dans la terre saturée d'eau, dans l'air saturé. Moyenne du volume de nectar reproduit.	TIGE COUPÉE plongée dans l'eau, dans l'air saturé. Moyenne du volume de nectar reproduit.	STIPULE ISOLÉE plongée par sa base dans l'air saturé. Moyenne du volume de nectar reproduit.
	mm. c.	mm. c.	mm. c.
10 h. 30	0,55	0,52	0,50
11	0,54	0,50	0,30
12 30	0,55	0,50	0,30
12	0,56	0,38	0,20
5 30	1,00	0,55	0,30

(1) Il ne faut prendre pour ces expériences que des espèces qui peuvent vivre dans la terre saturée d'eau.

L'Hyacinthus orientalis, qu'on peut avoir avec ses racines entièrement plongées dans l'eau, est très-favorable à ce genre d'expérience.

J'ai trouvé aussi avec cette espèce que le nectar se reforme plus vite chez une Jacinthe dont les racines sont plongées dans l'eau, que chez une Jacinthe dont la tige coupée est plongée dans l'eau et chez cette dernière que sur un ovaire isolé plongé dans l'eau par sa base : dans les trois cas, les plantes étaient sous cloche, dans l'air d'état hygrométrique 0,99.

On voit par ces expériences qu'il s'est reformé du nectar sur tous les nectaires, même sur le tissu nectarifère isolé, mais avec une vitesse inégale. La plante avec ses racines et ses vaisseaux reforme le nectar plus vite qu'avec ses vaisseaux seulement, celle-ci plus rapidement qu'avec le seul tissu nectarifère. Ainsi :

La poussée osmotique des racines et la force capillaire des vaisseaux ne sont pas nécessaires pour la sortie du liquide, mais elles l'accélèrent.

La présence des sucres dans le tissu favorise évidemment cet appel de l'eau à cause du pouvoir osmotique de ces substances. M. Paul Bert a insisté sur ce rôle osmotique des accumulations sucrées à propos des réserves de sucres qui sont à la base des folioles chez les Sensitives (1). On peut ainsi s'expliquer comment le tissu nectarifère isolé, placé sur l'eau par sa partie interne, peut pomper le liquide et l'émettre par sa surface supérieure.

Malgré cela, il n'en est pas moins incontestable que la poussée des racines et la force capillaire ont aussi un rôle à jouer dans cette sortie du liquide. Pour la dernière de ces forces par exemple, j'ai constaté l'émission de gouttelettes d'eau sur les sections de tiges coupées des *Vicia sativa*, *Richardia*, *Avena sativa*, qui étaient plongées dans l'eau par la base. M. Sachs

(1) Paul Bert, *Comptes rendus*, 16 septembre 1878. L'hypothèse de M. Bert sur les mouvements des feuilles pourrait aussi bien s'appliquer aux mouvements des organes floraux; l'accumulation de sucres à la base de la fleur serait ainsi en relation avec ce qu'on nomme le sommeil des fleurs.

cite lui-même ce fait pour les Graminées. La distinction qu'il a faite est donc trop absolue.

3° Variations du volume de nectar avec la transpiration.

Nous avons déjà vu (p. 163) qu'en comparant les résultats obtenus par M. Sachs dans l'étude de la transpiration avec ceux que j'ai obtenus en suivant les variations de volume du nectar, on peut conclure que le volume du nectar diminue à mesure que la transpiration augmente, et réciproquement. Cela est vrai pour une belle journée, précédée elle-même de plusieurs jours de beau temps fixe.

Pour suivre de plus près la comparaison entre le phénomène de la production du nectar et celui de la transpiration chez la plante, je me suis proposé de comparer directement :

1° La quantité de liquide produite par un tissu à sucres ;

2° La quantité de liquide produite par un tissu sans sucres ;

3° La quantité de vapeur d'eau produite par l'ensemble des tissus chez la plante.

M. Duchartre (1) a fait voir que l'émission de gouttelettes liquides par les feuilles des *Colocasia* est en rapport direct avec la transpiration. Il a remarqué que la sortie du liquide commençait le soir pour cesser le lendemain, dès que le soleil donnait sur la plante. En outre, dans les jours où l'air était saturé d'humidité, la production de liquide avait lieu pendant toute la journée.

On voit qu'il existe une très-grande analogie entre la variation du volume de liquide émis par des tissus sans sucres et celles que le nectar nous a présentées.

M. Duchartre a aussi montré que dans ce cas la sortie du liquide avait lieu par de véritables stomates, et non par des déchirures de l'épiderme (2). Lorsque le tissu nectarifère a des stomates (cas le plus fréquent), c'est aussi par là que nous avons vu sortir le liquide.

(1) P. Duchartre, *Observations physiologiques et anatomiques faites sur une Colocase de la Chine* [*Colocasia sinensis* et *antiquorum*] (*Bull. Soc. bot. de France*, t. V, p. 267).

(2) Comme Meyer le supposait (*Nov. Syst. der Pf. phys.*, t. II, p. 508).

Ce premier exemple montre déjà les rapports qui existent entre les deux phénomènes. J'ai vérifié que la variation se produisait de la même manière en comparant directement la production de gouttelettes liquides sur les feuilles avec l'émission du liquide sucré par les nectaires.

Je citerai, entre autres, l'observation suivante, où le volume de nectar produit dans les fleurs de *Lavandula* est comparé au volume de liquide émis par les feuilles de *Solanum tuberosum* et d'*Aphanes arvensis*, dans les mêmes circonstances :

Louye (26 juin).

HEURES des observations.	*Lavandula vera*, nectar. Moyenne de dix fleurs.	*Solanum tuberosum*, liquide produit à la face infre d'une foliole de 6 sur 4 cent.	*Aphanes arvensis*, liquide produit sur les deux premières feuilles développées.	TEMPÉRATURE.	ÉTAT HYGROMÉTRIQUE.	TEMPS.
	mm. c.	mm. c.	mm. c.			
4 h. mat.	24,0	180	35	18°	0,98	Lumière diffuse.
6	18,5	125	34	20,5	0,98	Lumière diffuse.
8	10,0	38	5	25,5	0,80	Soleil.
10	14,5	0	0,5	26,5	0,64	Soleil intermittent.
12	5,0	0	0	28	0,58	Soleil
2 h. soir	3,0	0	0	27,5	0,58	Id.
4	3,0	0	0	27,5	0,58	Id.
6	5,0	0	0	26,5	0,68	Id.
8	6,0	1,5	0,25	24	0,83	Crépuscule.
10	10,0	30	2	22	0,90	Crépuscule.

Plusieurs autres séries d'observations ont donné des résultats analogues.

Par les jours où le temps était couvert et l'état hygrométrique élevé pendant toute la journée, la production de gouttelettes persistait au contraire sur l'*Aphanes* et demeurait plus longtemps chez le *Solanum* (1).

On voit que ces résultats concordent entièrement avec

(1) Je n'ai tenu compte que des observations faites lorsque la rosée était nulle sur les autres plantes ou les objets voisins du sol.

ceux que M. Duchartre a obtenus dans l'étude des *Colocasia*.

En outre dans ces deux cas, comme dans ceux que j'ai cités plus haut (Graminées, *Fuchsia*, *Richardia*, etc.), c'est toujours par des stomates que se fait l'émission de liquide. M. Merget a montré que c'est aussi par les stomates que se fait presque uniquement la sortie de la vapeur d'eau chez les feuilles. Au moyen d'un mélange hygrométrique de protochlorure de fer et de chlorure de palladium, l'auteur a prouvé que l'évaporation à travers la cuticule était presque nulle par rapport à celle produite au travers des stomates (1).

Il nous reste maintenant à comparer directement l'émission de nectar avec la quantité d'eau transpirée par la plante. J'ai opéré, à cet effet, de la manière suivante. Plusieurs pots à fleur contenant l'espèce observée étaient placés sur une bascule de précision. Toutes les heures je notais la perte de poids par transpiration et le volume de nectar produit. Je citerai une de ces expériences :

Helleborus niger (5 janvier).

Dans une serre non échauffée.

HEURES des observations.	PERTE de poids par heure.	VOLUME DE NECTAR Moyenne pour une fleur du même âge (10 nectaires).	TEMPÉRATURE à l'ombre.	TEMPÉRATURE au soleil.	ÉTAT HYGROMÉTRIQUE de l'air.	TEMPS.
8 h. 1/2	0gr	42mmc	1°,75	»	0,96	Lumière diffuse.
9 1/2	8	43	3	»	0,94	Id.
10 1/2	8	42	5	»	0,87	Id.
11 1/2	12	42	8	24°	0,50	Soleil.
12 1/2	18	35	9	30	0,36	Id.
1 1/2	21	28	8	25	0,36	Id.
2 1/2	10	30	7	»	0,62	Lumière diffuse.
3 1/2	8	35	6	»	0,88	Id.
4 1/2	2	38	6	»	0,91	Id.

(1) Merget, *Sur les fonctions des feuilles* (*Comptes rendus*, 1878).

Cette dernière vérification directe montre que le volume du nectar varie en sens contraire du poids de vapeur d'eau transpirée.

Dans une autre série d'expériences, les plantes placées sur la balance ont été pendant toute une journée à la lumière diffuse, par un état hygrométrique constant (0,90 à 0,92), par une température constante (7° à 7°,5) ; la perte de poids et le volume du nectar ont été trouvés constants.

— Si l'on compare l'émission du nectar avec la transpiration aux mêmes heures pendant des jours successifs de beau temps, on pourra voir pendant les deux premiers beaux jours que le volume de nectar et des gouttes liquides augmente avec la transpiration pour diminuer avec elle progressivement pendant les jours consécutifs. C'est qu'il faut tenir compte, comme nous l'avons dit, de l'effet antérieur qui s'ajoute à l'effet actuel.

En somme : une plante située dans un sol très-humide, éprouvant successivement une transpiration énergique et un arrêt de transpiration dans un air saturé d'humidité, est dans les meilleures conditions pour produire le maximum de nectar sur ses tissus à sucres, ou de gouttelettes liquides sur ses feuilles.

On voit par l'ensemble des faits constatés que :

La production du nectar est en rapport avec la transpiration de la plante, comme la formation de gouttes liquides sur les feuilles.

Toute la différence qui existe entre la production des gouttes sucrées et celle des gouttes non sucrées peut s'expliquer par la présence ou l'absence même de sucres dans le tissu sous-jacent.

Dans les mêmes conditions extérieures un tissu à sucres aura du liquide condensé à sa surface plus facilement qu'un tissu sans sucres, d'abord parce que le liquide sucré s'évapore de plus en plus difficilement à mesure qu'il se concentre (voy. p. 187); et en outre parce que les cellules d'un tissu nectarifère renouvelleront plus facilement l'eau à leur surface, à cause du pouvoir osmotique des substances sucrées.

Ainsi la présence même du sucre dans les tissus suffirait pour expliquer la plus fréquente production de liquide à leur surface.

4° Variations de la quantité d'eau contenue dans le nectar.

Nous ne nous sommes occupé jusqu'à présent que des variations que présente le *volume* du liquide sucré, sans tenir compte de la plus ou moins grande proportion d'eau qu'il peut contenir.

Cette proportion varie pour un même nectaire, avec les conditions extérieures, dans des proportions souvent considérables. D'une manière générale, elle diminue quand le volume total de nectar diminue; elle augmente quand il augmente. Ainsi la petite quantité de nectar qui se trouve sur un nectaire à deux heures de l'après-midi peut contenir autant de sucre que le volume de nectar dix fois plus grand qui s'y trouvait, par exemple, à quatre heures du matin.

En un mot, le *volume de l'eau* varie, en général, dans toutes les observations précédentes.

Pour mettre ce fait en évidence, j'ai évalué la quantité d'eau contenue dans le nectar d'une fleur de même âge, chez une même espèce : 1° à différentes heures de la même journée; 2° aux mêmes heures de différents jours.

Dans chaque opération, le nectar recueilli et décanté était placé dans un verre de montre desséché; on pesait et l'on plaçait ensuite le tout dans une étuve à 100 degrés, puis au-dessus d'acide sulfurique, sous la cloche d'une machine pneumatique pendant douze heures. On pesait de nouveau; la différence de poids donnait l'eau évaporée.

Je citerai quelques résultats :

1° *Dans une même journée :*

Nectar de *Mirabilis hybrida.*

Récolté à 7 heures du matin.		Récolté à 2 heures du soir.	
Eau......	86	Eau......	80
Résidu....	14	Résidu....	20
Total...	100	Total...	100

Nectar de *Lonicera Periclymenum.*

Récolté à 8 heures du matin.		Récolté à 2 heures du soir.	
Eau......	83	Eau......	76
Résidu...	17	Résidu....	24
Total...	100	Total...	100

2° *Aux mêmes heures de journées différentes :*

Nectar de *Fuchsia globosa* (à midi).

Récolté après 4 jours pluvieux.		Récolté après 4 jours secs.	
Eau.......	81,25	Eau......	71,48
Résidu....	18,75	Résidu...	28,52
Total.....	100,00	Total...	100,00

Nectar de *Fuchsia globosa* (à midi).

Récolté par un état hygrométrique, 0,78.		Récolté par un état hygrométrique, 0,59.	
Eau........	72,22	Eau........	71,48
Résidu......	27,78	Résidu.....	28,52
Total.....	100,00	Total.....	100,00

On voit que le nectar est plus aqueux le matin que dans la journée, après la pluie qu'après un temps sec, par un état hygrométrique élevé que lorsque l'air est peu chargé de vapeur d'eau.

Variations dans l'évaporation du nectar, suivant la quantité d'eau qu'il renferme. — Nous avons vu de quelle importance est l'étude de cette variation pour l'explication des différences qui se présentent entre la facile disparition des gouttes d'eau sécrétées sur les feuilles et la persistance relative des gouttes de nectar sur les tissus à sucres.

Quoiqu'il soit connu que la présence de substances solubles retarde l'évaporation de l'eau, j'ai tenu à vérifier le fait pour le cas des substances sucrées, pour juger de la plus ou moins grande importance de cette influence.

Pour cela j'ai mis à évaporer comparativement :

1° De l'eau et du nectar ;

2° De l'eau et de l'eau sucrée ;

3° Différents miels plus ou moins aqueux.

Je citerai les résultats suivants :

1° *Eau et nectar :*

Tubes de 5 millim. de diamètre.. { N° 1, 3cc eau distillée.
N° 2, 3cc nectar de *Lonicera*.

Les deux tubes sont mis à évaporer par une température de 20° en moyenne et un état hygrométrique moyen de 0,60.

Au bout de cinq heures, le niveau s'était abaissé, pour le n° 1 de 4 millim.; pour le n° 2, de 3mm,6.

Le lendemain le niveau s'était abaissé, pour le n° 1 de 7 millimètres; pour le n° 2 de 4 millim.

2° *Eau et eau sucrée :*

TUBES DE 6 MILLIMÈTRES DE DIAMÈTRE MIS A ÉVAPORER.	
N° 1. 2cc,5 glucose pur. 2cc,5 saccharose pur. } 20cc 15cc eau distillée.	N° 2. Eau distillée 20cc.
Après 1 jour, le niv. s'abaisse de 4mm,5 Après 2 jours, — 3mm,0 Après 3 jours, — 1mm,5	Après 1 jour, le niv. s'abaisse de 5mm Après 2 jours, — 5mm Après 3 jours, — 5mm

3° *Miels différents :*

Si l'on recueille différents miels :

A, venait d'être récolté très-aqueux, au bas des rayons d'un cadre de ruche.
B, plus ancien, moins aqueux, au milieu des rayons.
C, ancien, peu aqueux, en haut des rayons.
D, très-ancien, très-peu aqueux, dans des cellules operculées supérieures.

Avec ces miels, on peut opérer par pesées sur des quantités plus considérables que pour le nectar.

Perte d'eau dans les mêmes conditions (en quatre jours, à 54°). {
A.... 1gr,95
B.... 1gr,47
C.... 1gr,32
D.... 0gr,85

Ces différents résultats montrent que la présence des sucres retarde considérablement l'évaporation du nectar ; l'évaporation diminue dans des proportions énormes lorsque la quantité d'eau devient très-faible dans le liquide sucré.

C'est donc bien là une des raisons qui peuvent expliquer la persistance de ces gouttelettes sur les plantes, alors que celles produites sur les tissus sans sucres sont déjà évaporées.

III

ÉTUDE DU TISSU NECTARIFÈRE A SES DIFFÉRENTS AGES.

Nous n'avons comparé jusqu'ici que des tissus nectarifères de même âge, sous les diverses influences du milieu. Examinons inversement quelles sont les variations qui se produisent dans la composition des sucres que renferme le tissu et dans l'émission du liquide sucré (lorsqu'elle a lieu), pour des nectaires d'âges différents chez une même espèce de plante. Nous connaissons maintenant l'influence des conditions extérieures sur la proportion d'eau que renferme le nectar et sur le volume de liquide émis ; pour la comparaison des nectaires de divers âges, nous saurons éliminer les causes d'erreur qui proviendraient de leurs variations.

Considérons d'abord les tissus à sucres qui émettent un liquide au dehors, et voyons comment varie le volume de nectar produit dans les mêmes circonstances, lorsque l'âge du nectaire varie seul.

§ 1er. — Variation du volume de nectar avec l'âge du nectaire.

Un nombre très-considérable d'observations ont été déjà faites sur ce sujet, surtout par Roth (1), Kurr (2), Bravais (3), Caspary (4). Tous ces auteurs sont d'accord sur le résultat qui est ainsi énoncé par Kurr.

« La sécrétion du nectar commence extrêmement rarement » avant l'ouverture des anthères. La sécrétion est pour la plu-

(1) Roth, *loc. cit.*, t. I, p. 54.
(2) Kurr, *loc. cit.*, p. 101.
(3) Bravais, *loc. cit.*, p. 29.
(4) Caspary, *De nectariis* (*loc. cit.*).

» part du temps la plus forte pendant la pollinisation; elle » cesse aussitôt que le développement du fruit commence (1).»

J'ai cru cependant qu'il serait utile de vérifier ces observations par des mesures précises et dans des conditions extérieures identiques. Pour la plupart des nectaires floraux observés, j'ai contrôlé ce résultat. Je citerai, par exemple, l'observation suivante sur le *Mirabilis hybrida* :

Mirabilis hybrida (15 juillet, 1 à 3 heures).

LONGUEUR MOYENNE du tube de la corolle.	ÉTAT des étamines.	ÉTAT du style, des stigmates, des ovules.	LONGUEUR DU NECTAR occupant le tube de la corolle.	VOLUME DE NECTAR observé.	
mm.			mm.	mm. c.	
25	Anthères fermées.	Style courbé, stigm. non pollinisé.	0	0,0	
40	Anthères fermées.	Style courbé, stigm. non pollinisé.	0	0,3	L'ovaire se développe.
60	Anthères fermées.	Style courbé, stigm. non pollinisé.	0	0,4	
65	Une partie des anthères ouvertes.	Style courbé, stigm. pollinisé.	0	2,5	
70	Toutes les anthères ouvertes.	Style peu courbé, tubes polliniques.	2	12,0	
70	Toutes les anthères ouvertes, presque plus de pollen.	Style peu courbé, tubes polliniques.	6	21,0	Arrêt de développement.
70	Plus de pollen dans les anthères.	Style droit, fécondation faite.	2	12,0	
70	Flétries.	Style presque flétri, le fruit se développe.	0	1,0	
70	Flétries.	Style flétri.	0	0,0	Le fruit se développe.
70	Desséchées.	Style desséché.	0	0,0	

Les fleurs avaient été protégées contre les insectes. La longueur de la corolle, l'état des étamines, la position du style, servaient à caractériser l'âge de la fleur, et par suite celui du

(1) *Loc. cit.*

tissu nectarifère. La présence des tubes polliniques dans le style et l'étude des ovules servaient à reconnaître les fleurs où la fécondation avait eu lieu. On a opéré quatre fois pour chaque âge défini, sur une moyenne de six fleurs à chaque observation. Les conditions extérieures étaient restées sensiblement les mêmes pendant les mesures faites. Je m'en étais assuré en prenant le volume de nectar au commencement et à la fin de l'observation sur des fleurs de même âge. Le tableau précédent indique les résultats obtenus.

Ces observations montrent d'une manière très-nette que l'émission d'un trop-plein liquide au dehors se produit surtout lorsque la fleur est dans un arrêt de développement, dans cette période où l'ovaire a achevé sa formation, où le fruit n'a pas encore commencé la sienne.

C'est à ce moment où la fleur développée attend la fécondation, que le nectar se produit en abondance.

On peut observer des résultats aussi nets pour la plupart des nectaires floraux à nectar. En général, la production du liquide sucré cesse lorsque le fruit commence à s'accroître. Pour quelques espèces cependant, le phénomène est un peu moins accentué. La période d'arrêt du développement floral correspond seulement à un maximum dans l'émission du nectar. Le liquide se produit encore pendant un certain temps après la fécondation, mais en diminuant progressivement de volume. Cette émission du nectar continue ainsi pendant assez longtemps chez les espèces suivantes : par exemple, *Heracleum Sphondylium*, *Hedera Helix*, *Lamium Galeobdolon*, *Geranium phæum*, *Helleborus niger*, *Nigella Damascena*, *Butomus umbellatus* (1).

Mais, dans tous ces cas, la variation a toujours lieu suivant la même marche. Ce n'est qu'une question d'intensité plus ou moins grande dans la production du nectar. Quelquefois aussi le nectar apparaît déjà d'une manière assez intense avant l'ou-

(1) Il en serait de même, d'après Kurr, pour beaucoup de Crucifères et de Papilionacées (*loc. cit.*).

verture des anthères (*Helleborus*, *Lavandula*, etc.), mais il augmente toujours de volume ensuite.

Ainsi, d'une manière générale, pour les nectaires floraux :

Le maximum de la production du nectar correspond à l'époque où l'ovaire a achevé son développement et où le fruit n'a pas encore commencé le sien.

Quant aux nectaires extra-floraux, la plupart d'entre eux n'émettent au dehors qu'un volume relativement faible de nectar et souvent ne produisent aucun liquide.

Pour ceux qui produisent du nectar, le maximum de volume émis a toujours lieu avant que l'organe près duquel se trouve l'accumulation de sucres ait achevé son développement. A mesure que cet organe se développe complètement, l'émission de liquide diminue, puis cesse.

C'est ce que j'ai constaté par exemple pour les nectaires extra-floraux des feuilles chez le *Prunus avium*, le *Ricinus communis*, le *Cratægus oxyacantha*.

§ 2. — Variation dans la composition des sucres contenus dans le nectaire à ses divers âges.

Nous avons vu plus haut que les tissus nectarifères renferment en général des sucres appartenant à la fois aux genres saccharose et glucose ; que la proportion de ces deux sucres était très-variable suivant les différentes plantes. Elle varie aussi beaucoup, pour une même plante, avec l'âge du tissu nectarifère.

J'ai suivi cette variation chez un certain nombre de nectaires, en opérant pour les analyses comme je l'ai indiqué plus haut.

Je citerai les résultats suivants :

Polygonatum multiflorum (tissu nectarifère floral).

	PROPORTION DE SACCHAROSE relativement aux glucoses.
Ovaires de boutons très-jeunes, ovaire de 3^{mm} de long.	12 p. 100.
Ovaires de boutons avant l'émission du nectar........	25
Ovaires au moment de l'émission du nectar..........	55
Fruits après l'émission du nectar..................	38
Fruits de grandeur double de l'ovaire mûr...........	10

Primula grandiflora (tissu nectarifère floral).

	PROPORTION DE SACCHAROSE relativement aux glucoses.
Ovaires très-jeunes (3mm)	traces
Ovaires pendant l'émission du nectar	58 p. 100.
Fruit double en longueur de l'ovaire mûr	17
Fruit quadruple	traces

Prunus avium, stipules (tissu nectarifère extra-floral) (1).

	PROPORTION DE SACCHAROSE relativement aux glucoses.
Nectaires sur feuilles de 2 centimètres de long	0 p. 100.
Nectaires sur feuilles de 5 centimètres de long	10
Nectaires sur feuilles de 8 centimètres de long (gouttelette externe de liquide)	25
Nectaires sur feuilles entièrement développées	8

J'ai obtenu des résultats analogues avec les tissus nectarifères de *Salvia pratensis*, *Vicia sativa*, *Brassica oleracea*, *Lonicera Periclymenum*, et aussi chez les tissus nectarifères sans nectar externe, comme les *Hyacinthus orientalis*, *Thalictrum*, *Tulipa*.

Ainsi le saccharose s'accumule à mesure que le tissu à sucres achève son développement ; il se détruit à mesure que le fruit s'accroît ou que la feuille termine sa croissance.

Lorsqu'il y a émission d'un trop-plein liquide au dehors, sous certaines circonstances extérieures, c'est au moment où le saccharose se trouve en plus forte proportion.

La marche de la variation est la même pour les nectaires floraux et pour les nectaires extra-floraux, pour les tissus à nectar externe et pour ceux qui n'émettent aucun liquide à aucun âge. Ainsi nous pouvons conclure que :

Pour les nectaires floraux, la proportion maximum de saccharose dans le tissu à sucres correspond à l'époque où l'ovaire a

(1) Les résultats sont très-variables avec ces nectaires ; mais le sens de la variation est toujours le même. En certains cas, la proportion maximum de saccharose s'abaisse beaucoup au-dessous de 25 pour 100, en d'autres (miellée du *Prunus*) ce maximum dépasse 50 pour 100.

achevé son développement et où le fruit n'a pas encore commencé le sien.

Pour tous les nectaires, le saccharose s'accumule dans le tissu à mesure qu'il s'accroît; il se détruit à mesure que l'organe voisin du nectaire et en voie d'accroissement achève son développement.

Destruction du saccharose. Ferment inversif des nectaires. — A mesure que le saccharose se détruit, la proportion relative des glucoses augmente. On peut se demander si, dans ce cas, comme dans tous ceux où une matière accumulée est assimilée, la destruction de la substance a lieu par l'action d'un ferment soluble.

Les ferments solubles ont pour type la diastase qui transforme l'amidon en glucoses. Leur caractère commun est d'être solubles dans l'eau, précipitables par l'alcool, et de nouveau solubles dans l'eau. Une très-petite quantité de ferment soluble peut produire une action chimique sur un poids relativement considérable de substance; en outre le ferment s'épuise et se détruit par son action même.

La réaction chimique qu'ils produisent est le plus souvent un dédoublement de la substance en substances plus simples avec hydratation.

Dans le cas du saccharose par exemple, Mitscherlich a trouvé dans la levûre de bière un semblable ferment soluble qui transforme le saccharose avec hydratation en deux glucoses : le glucose proprement dit ou dextrose, et le lévulose. M. Berthelot l'a isolé et l'a nommé *ferment inversif*.

On peut représenter la réaction provoquée par cette substance au moyen de la formule suivante :

$$\underset{\text{Saccharose.}}{C^{24}H^{22}O^{22}} + \underset{\text{Eau.}}{2HO} = \underset{\text{Lévulose.}}{C^{12}H^{12}O^{12}} + \underset{\text{Glucose.}}{C^{12}H^{12}O^{12}}$$

C'est une interversion identique à celle dont nous avons parlé plus haut, l'interversion par les acides (voy. p. 80).

D'après M. Kosman, toutes les parties de la plante contiennent un ferment inversif (1). M. Baranetzky au contraire n'en a jamais trouvé (2). Comme le fait remarquer ce dernier auteur, M. Kosman ne semble pas avoir pris les précautions nécessaires pour mettre obstacle à la production d'organismes dans les extraits solubles qu'il a retirés de plantes; ainsi pourraient s'expliquer les résultats qu'il a obtenus. Ce seraient les ferments inversifs développés par ces organismes, et non pas le ferment soluble de la plante, qui auraient produit les réactions qu'il indique.

Pour éviter cette cause d'erreur, j'ai toujours opéré sur les extraits aqueux, préparés quelques heures après les avoir retirés de la plante. De plus, comme M. Muntz (3) a montré que le chloroforme mettait obstacle au développement des organismes sans détruire l'action des ferments solubles, comme en outre le chloroforme ne produit pas l'interversion, j'ai pu conserver, grâce à son emploi, les solutions aqueuses.

J'ai pu mettre ainsi en évidence la présence d'un ferment inversif dans la fleur. Il est surtout abondant au moment de la formation du fruit.

Ce ferment soluble peut être isolé : si l'on reprend l'extrait aqueux par l'alcool, puis qu'on fasse évaporer, on obtient un précipité blanc ou blanc jaunâtre, un peu visqueux. Ce précipité est susceptible d'être redissous. Il possède le pouvoir inversif.

Je citerai par exemple une des séries d'opérations faites à ce sujet :

Helleborus niger.

Fleurs fécondées jeunes à anthères ouvertes, dont l'ovaire (y compris le style) a en moyenne 2 centimètres de long.

A, un poids de $8^{gr},5$ de l'ovaire pilé est mis dans 24^{cc} d'eau distillée.

B, un poids de $8^{gr},5$ des pétales nectarifères est mis dans 24^{cc} d'eau distillée.

C, un poids de $8^{gr},5$ du tissu situé entre les étamines et l'ovaire (réceptacle) est mis dans 24^{cc} d'eau distillée.

(1) Kosman, *Bull. Soc. chimique de Paris*, 1877, t. XXVII, p. 251.

(2) Baranetzky, *Die stärkeumbildeuden Fermente in den Pflanzen*. Leipzig 1878.

(3) Muntz, *Comptes rendus*, 1875.

D, un poids de $8^{gr},5$ des sépales est mis dans 24^{cc} d'eau distillée.
E, un poids de $8^{gr},5$ des feuilles est mis dans 24^{cc} d'eau distillée.

On obtient ainsi, en laissant digérer pendant deux heures, cinq extraits aqueux. On filtre, on laisse reposer, on décante ; on filtre de nouveau.

On fait une solution titrée de saccharose pur ; cette dissolution, mise à l'ébullition avec la liqueur de Fehling, ne donne pas trace de précipité ni de décoloration.

On verse un même volume ($0^{cc},25$) des extraits A, B, C, D, E, dans cinq éprouvettes renfermant le même volume de la dissolution de saccharose.

Au bout du même temps, on observe la proportion de saccharose intervertie dans chaque tube en employant la liqueur de Fehling, après avoir ajouté le même poids de soude caustique. On trouve :

Dissolution		poids proportionnel	de saccharose interverti :	
	A			10
—	B	—	—	12
—	C	—	—	18
—	D	—	—	5
—	E	—	—	traces

On voit ainsi que c'est dans le tissu nectarifère, dans l'ovaire, et surtout entre les deux, que se trouve le ferment inversif au moment où le fruit commence à se développer.

D'autre part, si l'extrait aqueux A ou B, ou C, est neutralisé, traité par l'alcool, évaporé et précipité, on obtient un corps jaunâtre qui peut intervertir plus de 60 fois son poids de saccharose.

Résultats analogues avec l'*Hyacinthus orientalis* et le *Primula sinensis*.

Il résulte de ce qui précède que :

Il existe au voisinage des tissus à sucres un ferment inversif capable de transformer le saccharose en glucoses. Ce ferment soluble est surtout abondant au moment où le fruit commence à se développer.

C'est le ferment inversif des tissus nectarifères ; il est tout à fait analogue à celui de la levûre de bière.

§ 3. — Réabsorption du nectar et des sucres du tissu nectarifère.

Après que le tissu nectarifère floral a atteint son maximum de développement, qu'il ait ou non émis un liquide sucré au dehors, que le tissu se flétrisse ou persiste, les substances sucrées qu'il a accumulées retournent en majeure partie dans la plante après la fécondation.

Il en est de même pour un tissu nectarifère extra-floral : lorsque l'organe auprès duquel il est placé a atteint son développement complet, on n'y trouve presque plus de sucres, dans le tissu nectarifère persistant ou flétri.

Je me suis assuré par des essais comparatifs que la quantité totale de substances sucrées contenue dans un nectaire persistant (*Reseda*, *Salvia*, *Pulmonaria*, *Anethum*) diminue progressivement à mesure que le fruit s'accroît.

Certains fragments du tissu à sucres peuvent être entraînés avec les pétales caducs (*Œnothera*, *Helleborus*) ; mais c'est après avoir perdu une partie de leurs sucres qui est retournée dans la plante ; en outre, ce n'est qu'une faible portion de l'accumulation sucrée qui peut ainsi disparaître inutilement. La plus grande partie persiste en tout cas, près de l'ovaire, au commencement de son développement.

A mesure que le fruit se développe, le tissu primitivement nectarifère peut quelquefois s'accroître aussi (*Reseda*, Labiées) ; mais, comme je viens de le dire, il n'en perd pas moins la plus grande quantité de ses sucres. Dans d'autres cas, il s'atrophie et disparaît presque complètement, tandis que le fruit s'accroît. On peut en voir un exemple dans les figures qui représentent les états successifs du tissu nectarifère et du fruit chez le *Ruta graveolens* (fig. 127, 128, 129, 130).

Pour les nectaires extra-floraux, je me suis assuré, par exemple, que ceux qu'on trouve sur les dents des feuilles des Ricins, sur celles du *Cratægus*, ceux des *Anethum* et des *Sambucus*, perdent peu à peu leurs sucres à mesure qu'ils se flétrissent ou qu'ils disparaissent en se confondant avec le parenchyme voisin.

Dans tous les cas où il n'y a pas eu émission de liquide sucré, où le nectaire persistant ou flétri ne contient plus de sucres (*Ruta*, *Thalictrum*, *Anethum*, *Sambucus*), on peut être certain que tous les sucres accumulés sont passés dans la plante.

Ils vont évidemment contribuer à nourrir l'organe voisin en voie de développement ; le jeune fruit pour les nectaires floraux, la feuille ou la stipule pour les nectaires extra-floraux.

— Dans le cas où il s'est produit un liquide sucré externe, s'il n'est pas dérobé par les insectes, si la surface sur laquelle il s'est produit persiste, il peut être réabsorbé et retourner à la plante. J'ai dit plus haut que Bravais a signalé le fait pour le *Mirabilis*. Il serait en effet difficile de s'expliquer autrement les résultats obtenus dans le tableau de la page 190. Après la fécondation, le volume du nectar diminue peu à peu. Or ce nectar contient une très-forte proportion de substances non volatiles (voy. p. 186). Si l'eau s'était simplement évaporée, on devrait trouver sur le tissu nectarifère un abondant dépôt de sucres qu'on n'observe en aucune manière. Il faut donc forcément admettre que le nectar a été réabsorbé par le tissu.

C'est ce qui se produit dans un très-grand nombre de cas (fleurs protégées de *Digitalis purpurea*, *Lavandula vera*, *Trifolium medium*, *Allium nutans*, *Silene inflata*, beaucoup d'Ombellifères, *Sedum acre*, etc.).

Je puis citer par exemple l'observation suivante :

Platanthera bifolia (protégé contre les insectes).

	VOLUME moyen de nectar par fleur.
1° Éperon de la fleur au maximum de nectar avant la fécondation	22mm. c.
2° Éperon de la 1re fleur suivante	18
3° Éperon de la 2e fleur suivante	12
4° Éperon de la 3e fleur suivante	9
5° Éperon de la 4e fleur suivante	5
6° Éperon de la 5e fleur suivante	0

Ce nectar contenait presque un tiers de substances non volatiles dans les conditions de l'observation.

On aurait donc dû trouver dans l'éperon de la 6e fleur un volume de : $\frac{22}{3}^{mmc} = 7^{mmc},3$ de sucres formant un dépôt dans l'éperon.

Cette quantité serait facilement appréciable à la loupe. Il m'a été impossible de trouver la moindre trace d'un semblable dépôt de sucre à la surface du nectaire, même au microscope. Le fait de la réabsorption est ainsi clairement démontré.

Nous pouvons conclure des observations précédentes que :

La totalité ou la majeure partie des sucres accumulés retournent à la plante lorsque le nectaire perd les sucres qu'il contenait, que le tissu nectarifère se flétrisse ou persiste.

Il peut y avoir réabsorption du nectar émis, après la fécondation.

Pour les nectaires floraux, lorsque les sucres disparaissent du tissu nectarifère, ils vont contribuer à la nourriture du jeune fruit et des jeunes ovules; pour les nectaires extra-floraux, à celle de l'organe voisin en voie de développement.

Vérification expérimentale de ces conclusions. — J'ai cherché à vérifier ces conclusions par l'expérience suivante.

Une plante étant donnée, un certain nombre de fleurs A ont leurs styles vernis avant la fécondation, pour empêcher toute action du pollen ; un certain nombre de fleurs B sont au contraire fortement pollinisées. Toutes les plantes mises en expérience sont protégées contre les insectes.

On compare le temps que dure la sécrétion du nectar et la présence des sucres dans le tissu nectarifère chez les fleurs A et chez celles des fleurs B qui ont été fécondées.

J'ai trouvé que la production durait plus longtemps sur les fleurs non fécondées que sur les fleurs fécondées (*Primula*, *Erica*). Si une partie du tissu nectarifère est à la fin caduque, elle persiste plus longtemps chez les fleurs non fécondées (*Helleborus*).

En somme, lorsque la fécondation a été entravée ou lorsqu'elle n'a pu avoir lieu, le tissu nectarifère ne se flétrit totalement, en général, que lorsque l'ovaire stérile se flétrit aussi (Labiées, Borraginées, Ombellifères, *Thalictrum*, etc.).

CONCLUSIONS GÉNÉRALES

« Tous les êtres vivants se nourrissent de même ; l'animal pas
» plus que le végétal ne procède par nutrition directe. L'étude
» physiologique des phénomènes prouve que la *nutrition est*
» *indirecte*. L'aliment disparaît d'abord en tant que matière
» chimique définie, et ce n'est que plus tard, après un travail
» organique à longue portée, après une élaboration vitale com-
» plexe, que l'aliment arrive à constituer des *réserves* toujours
» identiques, qui servent à la nutrition de l'organisme. »

« En un mot, le corps ne se nourrit jamais directement d'a-
» liments variés, mais toujours à l'aide de *réserves identiques*
» *préparées par une sorte de travail de sécrétion*. Et ce que
» nous disons ici de la formation des réserves nutritives se
» retrouve dans les deux règnes, aussi bien chez les animaux
» que chez les végétaux (1). »

Ainsi est résumé par Claude Bernard l'ensemble des faits qui expliquent comment les êtres vivants peuvent avoir un régime varié et un milieu fixe ; comment ils peuvent vivre et se développer, en consommant leurs réserves accumulées au moment où ils ne prennent aucune nourriture.

Les réserves peuvent être générales et renfermer un grand nombre de substances, comme certains rhizomes (*Cyperus esculentus*, par exemple) ; elles sont plus souvent *spéciales* et constituées en grande majorité par une substance définie. C'est ainsi qu'il se forme souvent, chez les végétaux, des réserves spéciales d'amidon (Pomme de terre, albumen farineux), d'inuline (*Dahlia*), de saccharose (Betterave), etc.

L'emmagasinement de réserves est surtout très-caractérisé chez les végétaux, dans le cas où il doit se produire un arrêt de développement. Lorsqu'une plante vivace arrête sa croissance, à la fin de la saison, elle a accumulé des réserves dans ses parties

(1) Claude Bernard, *Leçons sur les phénomènes de la vie*, 1878 (vol. I, p. 121, 141, 149).

souterraines. Lorsque la graine achève son développement, elle emmagasine des substances nutritives dans l'albumen ou dans les cotylédons de l'embryon.

La destruction des réserves est surtout caractérisée très-nettement chez les plantes, lorsque le développement se produit après un arrêt de croissance. Quand la plante vivace recommence à former des branches et des feuilles au printemps, lorsque la graine germe, leurs réserves se détruisent et servent à la nourriture première des parties formées. En outre, lorsque cette destruction se produit, on peut en général isoler dans la plante un ferment soluble qui s'y trouve abondant à ce moment. Ces ferments solubles (diastase, ferment inversif, émulsine, etc.) dédoublent en général la substance de la réserve en substances plus simples; ce dédoublement est le plus souvent accompagné d'une hydratation. Or ce sont précisément ces substances plus simples qu'on trouve en abondance dans les parties qui se développent, à mesure que le corps qui composait la réserve diminue.

Claude Bernard a aussi montré que les substances accumulées en réserve ne sont pas directement assimilables; on ne comprendrait plus, sans cela, comment les réserves pourraient se former. Pour utiliser les matériaux accumulés, il faut qu'il s'opère une décomposition de la substance non assimilable. Cette décomposition se produit par l'action du ferment soluble, et les corps auxquels il donne naissance par dédoublement et hydratation sont directement assimilés. Dans le cas particulier des sucres, les substances non directement assimilables qui peuvent être emmagasinées en réserves dans les tissus sont les *saccharoses*. Les substances qui en proviennent par dédoublement et hydratation, directement assimilables, sont les *glucoses*. Le ferment soluble qui produit ce dédoublement et cette hydratation est le *ferment inversif* (1).

Comme dans toute évolution vitale, on peut considérer deux

(1) Le saccharose ne peut pas non plus être assimilé directement par les animaux. Chez les animaux supérieurs, par exemple, il ne peut être introduit dans l'organisme qu'après l'action du ferment inversif du suc intestinal.

périodes successives dans la vie d'une réserve. La période de *formation* et la période de *destruction*. Dans la première, la matière non directement assimilable se produit et s'accumule en quantité de plus en plus grande. Dans la seconde, elle se détruit sous l'action d'un ferment soluble, se dédouble et s'hydrate, donnant lieu à des substances directement assimilables. Ces deux périodes, formation et destruction, peuvent être plus ou moins nettement séparées. S'il se produit un arrêt de développement complet, elles sont tout à fait tranchées (Pomme de terre, graine, Betterave) ; s'il se produit seulement un ralentissement dans l'activité vitale (réserves des bourgeons, réserves de graisse chez les animaux hibernants), elles peuvent se rejoindre par des intermédiaires. Enfin, si le développement est continuel et que la réserve ne serve qu'à régulariser la nutrition, elles se confondent et sont simultanées (foie, amidon des feuilles développées).

Dans le cas particulier des sucres, la Betterave, par exemple, nous montre une réserve où ces deux périodes sont distinctement séparées. Dans la première année, le saccharose se forme et s'emmagasine dans les tissus de la racine et de la tige : c'est la période de *formation*. Au printemps de la seconde année, quand les parties aériennes commencent à se développer, le saccharose se dédouble et s'hydrate; les glucoses assimilables prennent naissance : c'est la période de *destruction*.

Après avoir rappelé ces considérations générales, j'arrive aux conclusions que nous pouvons tirer de l'étude précédente sur les tissus à sucres.

Nous pouvons déduire des expériences et des observations faites les conséquences suivantes :

1° *Les accumulations de substances sucrées contenant une forte proportion de saccharose se forment, chez les plantes, dans le voisinage des régions qui doivent prendre ultérieurement un développement spécial (ovaire) ou près d'organes en voie de développement (feuille).*

2° *A mesure que l'accumulation des sucres se produit et que le tissu se développe, la proportion du saccharose augmente pro-*

gressivement. Lorsqu'il y a un arrêt de développement dans l'organe voisin, c'est à ce moment que la proportion du saccharose est maximum.

3° *Lorsque l'organe voisin s'est développé complètement, l'accumulation des sucres diminue ; en même temps la proportion du saccharose qu'elle contient devient relativement moindre. Le saccharose est transformé en glucoses sous l'action d'un ferment inversif.*

Ce sont là, nous venons de le voir, les traits essentiels qui caractérisent la formation et la destruction d'une *réserve spéciale* de sucres.

D'après les exemples cités plus haut, on comprend que les réserves de sucres placées près de l'ovaire soient plus nettement caractérisées que les autres. Là, en effet, il doit se produire un *arrêt* de développement, et la nécessité d'une réserve s'impose davantage. Quand l'ovaire a achevé sa croissance, la fleur entre dans une période d'attente dont la durée n'est pas fixe. Cette période se termine quand la fécondation est opérée, lorsque le fruit commence à se développer. Or cette fécondation peut se produire plus ou moins tôt suivant les circonstances extérieures. Il faut que l'ovaire et les ovules aient à leur portée des matières en réserve pour s'accroître dès que la fécondation se sera produite. Il en est de même pour la réserve de sucres chez la Betterave ; le développement des parties aériennes dépend des circonstances extérieures : dans des conditions favorables, il peut se produire immédiatement aux dépens des tissus à sucres.

Nectaires floraux. — Parlons d'abord de ces accumulations où les sucres sont plus localisés, où la période de formation est toujours distincte de la période de destruction.

Nous avons vu dans la partie anatomique qu'on trouve toujours une accumulation de substances sucrées à la base de la fleur, non loin de l'ovaire. Chez un assez grand nombre de plantes, lorsque cet emmagasinement des sucres près de la fleur, et par suite près de la surface de la plante, est considérable, les phénomènes de transpiration combinés avec la présence du sucre peuvent produire au dehors la sortie d'un liquide sucré. Chez beaucoup d'autres plantes, il n'y a aucune production externe de liquide.

Quelquefois une partie du sucre emmagasiné peut se trouver soustraite de cette manière à la réserve; il peut même arriver qu'une partie de tissu où les sucres se sont amassés soit entraînée par la chute des pétales (*Œnothera*) ou des sépales (*Tropæolum*) ; mais en tout cas la plus grande partie des sucres demeure dans les tissus situés près du fruit, lorsqu'il commence à se développer. Dans plusieurs cas, le liquide sucré rejeté au dehors par la transpiration peut être réabsorbé ultérieurement par le tissu sous-jacent.

En somme, pour les tissus nectarifères de la fleur, nous pouvons énoncer les conclusions suivantes :

1° *Il y a toujours une accumulation de substances sucrées dans la fleur, au voisinage de l'ovaire.*

2° *Pour un assez grand nombre de ces tissus à sucres, il peut y avoir production au dehors d'un liquide sucré, mais cette production n'est pas nécessaire, elle manque très-souvent d'une manière complète.*

3° *Les phénomènes de la transpiration joints à la présence du sucre dans les tissus suffisent pour expliquer la formation de liquide externe, dans le cas où elle se produit.*

4° *L'émission du liquide est en relation directe avec les circonstances extérieures. Elle peut, chez une même plante, se produire abondamment dans une localité et manquer dans une autre.*

5° *Lorsqu'elle se produit, elle est maximum au moment où l'ovaire a achevé sa croissance et quand le fruit n'a pas encore commencé la sienne, pour les mêmes circonstances extérieures.*

6° *Après la fécondation, à mesure que le fruit se développe, tous les sucres (ou au moins la plus grande partie des sucres) accumulés passent dans les tissus du fruit et des graines, en même temps qu'ils deviennent complètement assimilables sous l'action d'un ferment soluble. S'il y a eu un liquide produit, il peut même être réabsorbé.*

Lorsque la fécondation n'a pas lieu, le tissu à sucre est détruit plus tard; s'il y a eu émission de nectar, elle persiste plus longtemps. La destruction se produit alors presque en même temps que celle de l'ovaire stérile.

Nectaires extra-floraux. — On peut observer des phénomènes analogues chez les tissus nectarifères situés en dehors de la fleur ; mais ces accumulations de sucres sont souvent moins nettement localisées. Il y a un certain nombre de ces tissus qui peuvent également émettre au dehors des gouttelettes sucrées. Chez eux aussi, lorsque cette émission est maximum, la proportion de saccharose est maximum dans le tissu. Là elle dépend de même des phénomènes de la transpiration et se trouve en relation directe avec les circonstances extérieures.

Le saccharose est interverti et les sucres sont absorbés par l'organe voisin pendant une période moins nettement limitée que dans le cas des tissus floraux. Le développement étant continuel, l'accumulation de sucres est constamment employée. Les périodes de formation et de destruction se confondent longtemps. La réserve cesse de fonctionner à peu près complètement et disparaît même quelquefois, lorsque l'organe voisin atteint son développement presque complet.

Beaucoup de ces accumulations sucrées ne produisent aucun liquide externe.

Pour les réserves de sucres qui se forment dans les bourgeons, quelquefois spécialisées, le plus souvent avec des réserves d'autres substances, il y a arrêt de développement dans l'organe voisin. Là les périodes de formation et de destruction sont distinctes. La destruction commence lorsque le bourgeon s'épanouit et les réserves s'épuisent peu à peu et disparaissent à mesure que les feuilles du bourgeon prennent leur complet développement.

Il en est de même pour les réserves de saccharose, telles que la Betterave, ou pour celles qui sont accumulées pendant l'hiver dans le tissu des tiges de beaucoup de plantes ligneuses.

En somme, de tout ce qui précède nous pouvons déduire la conclusion générale suivante :

Les tissus nectarifères, qu'ils soient floraux ou extra-floraux, qu'ils émettent ou non un liquide au dehors, constituent des réserves nutritives spéciales, en relation directe avec la vie de la plante.

Le rôle physiologique est ainsi le même pour tous les nectaires. Il y a dans la plante, en certaines régions localisées, des réserves de saccharose, comme il y a des réserves d'amidon ou d'inuline. Comme ces dernières, ces réserves de sucre peuvent se produire dans tous les tissus sans qu'on puisse leur donner ni définition anatomique, ni définition morphologique. C'est là le rôle des nectaires entrevu par Pontedera et par Kurr, nettement indiqué par Dunal et Bravais.

Quant à la formation externe d'un liquide sucré que produisent beaucoup de nectaires en certaines circonstances, nous avons vu qu'elle peut s'expliquer très-simplement par l'étude des phénomènes généraux qui se produisent à ce moment dans la plante. A ceux qui veulent trouver une explication téléologique de ces accumulations de substances sucrées (en ne considérant toutefois que celles qui sont à la fois florales et produisant un liquide externe), je me contenterai de citer les phrases suivantes :

« Le sucre formé dans la Betterave n'est pas destiné à entre-
» tenir la combustion respiratoire des animaux qui s'en nour-
» rissent; il est destiné à être consommé par la Betterave elle-
» même dans la seconde année de sa végétation. »

« La loi de la finalité physiologique est dans chaque être en
» particulier, et non hors de lui : l'organisme vivant est fait
» pour lui-même, il a ses lois propres, intrinsèques. Il travaille
» pour lui, et non pour les autres (1). »

(1) Claude Bernard, *loc. cit.*, t. I, p. 147.

EXPLICATION DES PLANCHES.

Obs. — Les nombres placés entre parenthèses indiquent le grossissement linéaire.

PLANCHE 1.

Fig. 1. *Ricinus communis.* — Fragment du cotylédon développé à la jonction du pétiole et du limbe, pour montrer les nectaires extra-floraux (3).
Fig. 2. Un des nectaires (9).
Fig. 3. Coupe longitudinale d'un nectaire cotylédonaire (80).
Fig. 4. Coupe longitudinale traitée par le tartrate cupro-potassique après interversion (30).
Fig. 5. *Vicia sativa.* — Stipule traitée de même; la région nectarifère est indiquée par le précipité intense (2).
Fig. 6. Coupe longitudinale de la stipule passant par la région nectarifère (80).
Fig. 7. Papilles de l'épiderme, dans la région où est émis le trop-plein liquide (300).
Fig. 8. *Allamanda neriifolia.* — Nectaires extra-floraux situés entre la feuille et la tige; fragment pris à l'aisselle d'une jeune plante (10).
Fig. 9. *Hemithelia obtusa.* — Coupe longitudinale passant par le tissu nectarifère de la fronde : *st.*, *st.*, stomates (80).
Fig. 10. *Cyathea arborea.* — Portion de la fronde montrant la partie verte du tissu nectarifère, *n*, et la partie blanche, riche en stomates, *n'* (3).
Fig. 11. Fragment d'épiderme pris sur le tissu nectarifère blanc, montrant les nombreux stomates (80).
Fig. 12. *Sambucus Ebulus.* — Une feuille transformée en nectaire (1).
Fig. 13. Une bractée transformée en nectaire (1).
Fig. 14. Stipelles non transformées et en partie transformées en tissu nectarifère (1).
Fig. 15. *Apocynum venetum.* — Extrémité d'une pousse montrant les nectaires extra-floraux développés autour des jeunes feuilles (30).

PLANCHE 2.

Fig. 16. *Ranunculus acris.* — Coupe longitudinale du pétale montrant le tissu nectarifère et l'un des faisceaux à bois inverse qui s'y rend (80).
Fig. 17. Coupe transversale à la base du pétale, montrant la fossette et la disposition des faisceaux (30).
Fig. 18. *Helleborus niger.* — Coupe analogue (30).
Fig. 19. Portion d'une coupe transversale vers la base du pétale, montrant le tissu nectarifère (80).
Fig. 20. Un pétale (3).
Fig. 21. *Fritillaria imperialis.* — Coupe longitudinale à la base d'un pétale : *n*, faisceaux se rendant à la coupe nectarifère ; *p*, faisceau du pétale ; *v*, protubérance verte (5).

Fig. 22. *Aquilegia pyrenaica.* — Coupe transversale du pétale dans la région de l'éperon (270).

Fig. 23. *Xanthoceras sorbifolia.* — Diagramne : *n*, nectaire.

Fig. 24. Un des nectaires (10).

Fig. 25. Stomates sur le tissu nectarifère (220).

Fig. 26. Coupe longitudinale passant par l'axe de la fleur et le plan de symétrie d'un nectaire : *nect.*, faisceau du nectaire; *sép.*, faisceau du sépale; *ét.*, faisceau de l'étamine; *ov.*, faisceau du carpelle ; *p*, ramification du faisceau vasculaire vers une des protubérances basilaires (20).

Fig. 27. Portion de coupe longitudinale passant par le faisceau du nectaire (220).

Fig. 28. Portion de coupe transversale passant par le faisceau du nectaire (220).

Fig. 29. *Æsculus Hippocastanum.* — Coupe longitudinale générale. La partie teintée *n* est celle où s'accumulent les sucres en majorité ; *cor.*, faisceau de la corolle ; *cal.*, calice ; *st.*, faisceau staminal (30).

Fig. 30. Fragment de coupe longitudinale; passage du tissu nectarifère au parenchyme avoisinant (270).

Fig. 31. *Reseda odorata.* — Coupe longitudinale générale : *n*, partie du tissu plus nectarifère où l'épiderme est muni de stomates ; *ét.*, étamine ; *ov.*, faisceaux de l'ovaire ; *cor.*, corolle ; *cal.*, calice (70).

PLANCHE 3.

Fig. 32. *Mirabilis hybrida.* — Coupe longitudinale à la base de la fleur : *n*, région plus spécialement nectarifère ; *ét.*, étamine ; *pér.*, périgone (10).

Fig. 33. Stomate sur le tissu nectarifère (330).

Fig. 34. Coupe transversale à la base d'un filet ; partie qui ne passe pas par un faisceau (80).

Fig. 35. *Corydallis tuberosa.* — Coupe longitudinale générale : *ov.*, ovaire ; *ét.*, étamine ; *cor.*, faisceau du pétale ; *r*, renflement non nectarifère ; *ab*, région par où le nectar est émis (20).

Fig. 36. Coupe transversale passant par le milieu de l'éperon staminal (30).

Fig. 37. Coupe transversale faite dans la région terminale figurée en *ab* (fig. 35) (70).

Fig. 38. Portion de cette coupe transversale (300).

Fig. 39. *Viola odorata.* — Coupe longitudinale générale passant par l'appendice staminal (4).

Fig. 40. Coupe transversale de cet appendice (20).

Fig. 41. *Collinsia bicolor.* — Coupe longitudinale de l'étamine transformée en tissu nectarifère (80).

Fig. 42. Diagramme montrant le nectaire situé à la place de la cinquième étamine.

Fig. 43. *Prunus Mahaleb.* — Stomate du tissu nectarifère, vu de face (550).

Fig. 44. *Amygdalus Persica.* — Coupe transversale vers la surface du tissu nectarifère, passant par un cratère stomatique (270).

Fig. 45. *Potentilla Fragaria.* — Coupe longitudinale générale : *ét*, étamine ; *sép.*, sépale ; *n*, tissu spécialement nectarifère (30).

Fig. 46. Partie du tissu nectarifère voisine de la surface (180).

Fig. 47. *Fragaria vesca.* — Coupe longitudinale générale : *carp.*, carpelle ; *nect.*, région nectarifère (en partie) correspondant à celle du *Potentilla* : *ét.*, étamine ; *sép.*, sépale (15).

PLANCHE 4.

Fig. 48. *Vinca minor.* — Coupe transversale générale montrant la disposition des faisceaux : *nect.*, nectaire (20).

Fig. 49. Coupe longitudinale générale : *n*, nectaire ; *cor.*, corolle ; *cal.*, calice (20).

Fig. 50. *Apocynum venetum.* — Coupe transversale générale montrant la disposition des faisceaux : *cal.*, faisceau du sépale ; *cor.*, faisceau de la corolle ; *ét.*, faisceau de l'étamine ; *nect.*, faisceau du nectaire (25).

Fig. 51. Coupe longitudinale générale : *cor.*, corolle ; *cal.*, calice ; *nect.*, nectaire (15).

Fig. 52. *Vicia sativa.* — Diagramme : *n*, anneau nectarifère.

Fig. 53. Languette de l'anneau nectarifère, du côté de la carène (30).

Fig. 54. Coupe longitudinale à travers cette languette : *et.*, faisceau staminal ; *ov.*, ovaire ; *st.*, *st.*, stomates (80).

Fig. 55. Coupe longitudinale générale : *ét.*, étamine ; *ov.*, ovaire ; *sép.*, sépale ; *pét.*, pétale ; *l*, languette nectarifère. Les parties teintées sont celles où les sucres sont surtout accumulés, ainsi que dans les deux figures placées au-dessous (30).

Fig. 56. *Cytisus Laburnum.* — Coupe longitudinale générale : *ét.*, étamine ; *pét*, pétale ; *sép.*, sépale ; *n*, partie antérieure du tissu nectarifère (20).

Fig. 57. Passage de l'épiderme de la région nectarifère à la région supérieure du tube staminal : *c*, partie non nectarifère ; *c'*, partie nectarifère (140).

Fig. 58. *Robinia Pseudoacacia.* — *pét.*, pétale ; *et.*, étamine ; *sép.*, sépale *n*, *n*, tissu nectarifère (15).

Fig. 59. Coupe d'une partie du tissu nectarifère dans le voisinage de la surface : *st.*, *st.*, *st.*, stomates (80).

Fig. 60. *Phlox Drummondi.* — Coupe longitudinale : *ov.*, ovaire ; *cor.*, faisceau de la corolle ; *f*, commencement de différenciation vasculaire (80).

PLANCHE 5.

Fig. 61. *Pulmonaria officinalis.* — *n*, nectaires ; *c*, carpelles (10).

Fig. 62. Coupe transversale du tissu nectarifère montrant la différenciation vasculaire (300).

Fig. 63. Coupe longitudinale générale : *st.*, style ; *ov.*, faisceau allant à l'ovule ; *car.*, faisceau du carpelle ; *n*, faisceau du nectaire ; *cor.*, faisceau de la corolle ; *cal.*, faisceau du calice (20).

Fig. 64. Coupe transversale générale d'un nectaire montrant la position des faisceaux (40).

Fig. 65. Diagramme : *n*, nectaire.

Fig. 66. *Borrago officinalis.* — Coupe longitudinale partielle : *cor.*, corolle ; *ca.*, carpelle ; *n*, nectaire (5).

Fig. 67. Coupe longitudinale montrant la distribution des faisceaux : *cal.*, faisceau du sépale ; *cor.*, faisceau de la corolle ; *n*, faisceau du nectaire ; *ca.*, faisceau du carpelle (30).

Fig. 68. *Salvia lantanifolia.* — Ovaire et nectaires : *n*, languette antérieure du tissu nectarifère (10).

Fig. 69. Coupe longitudinale montrant la distribution des faisceaux : *cal.*, calice ; *cor.*, corolle ; *n*, *n*, tissu nectarifère ; *ov.*, ovaire (25).

Fig. 70. Diagramme.

Fig. 71. Coupe transversale de la languette nectarifère montrant la distribution des faisceaux vasculaires (80).

Fig. 72. *Marrubium vulgare.* — Ovaire et nectaires : *n*, tissu nectarifère (20).

Fig. 73. Coupe transversale vers la base de l'ovaire : *n*, *n*, *n*, tissu nectarifère (50).

Fig. 74. *Ajuga reptans.* — Coupe longitudinale générale : *n*, nectaire (25).

Fig. 75. *Melampyrum pratense.* — Coupe longitudinale générale : *ov.*, faisceau de l'ovule ; *ca.*, faisceau externe du carpelle ; *cor.*, corolle ; *cal.*, calice ; *n*, nectaire (30).

Fig. 76. *Rhinanthus minor.* — *n*, nectaire (10).

Fig. 77. Fragment de coupe longitudinale montrant la jonction des vaisseaux du nectaire avec ceux de l'ovaire : *a*, vaisseaux qui continuent leur marche directe ; *b*, *c*, vaisseaux qui s'incurvent dans le tissu nectarifère (220).

Fig. 78. *Veronica Chamædrys.* — *n*, nectaire (30).

Fig. 79. *Veronica prostrata.* — Portion du tissu nectarifère montrant les poils 3-4 cellulaires (250).

Fig. 80. *Veronica serpyllifolia.* — Portion du tissu nectarifère montrant les poils 2-cellulaires (250).

Fig. 81. *Veronica Chamædrys.* — Portion du tissu nectarifère montrant les papilles épidermiques (150).

PLANCHE 6.

Fig. 82. *Calystegia sepium.* — Coupe longitudinale du tissu nectarifère (25).

Fig. 83. *Convolvulus arvensis.* — Coupe tranversale générale : *ov.*, ovaire : *n*, tissu nectarifère (15).

Fig. 84. *Erica multiflora.* — Coupe transversale générale : *e*, *e'*, le faisceau recourbé d'une étamine ; il est coupé deux fois. Comparez avec la figure 85. La partie teintée est la plus saccharifère (80).

Fig. 85. Coupe longitudinale ne passant pas tout à fait par l'axe de la fleur : *n*, *n*, tissu nectarifère ; *et.*, étamine ; *cor.*, corolle ; *cal.*, calice (80).

Fig. 86. *Cardwellia longifolia.* — *ov.*, faisceau de l'ovaire ; *pér.*, faisceau du périanthe ; *n*, faisceau du nectaire (50).

Fig. 87. *Sempervivum tectorum.* — Coupe transversale à la base d'un carpelle, dans sa partie extérieure : *st.*, *st.*, *st.*, stomates (80).

Fig. 88. Coupe longitudinale (80).

Fig. 89. *Ferula tingitana.* — Coupe longitudinale générale, montrant la disposition des faisceaux en fuseau près du tissu nectarifère (20).

Fig. 90. Un stomate vu de face, montrant les épaississements de la cuticule (300)
Fig. 91. Partie de coupe passant par un stomate (300).
Fig. 92. *Astrantia major.* — Fragment de coupe longitudinale montrant la distribution des faisceaux : *n*, nectaire ; *cor.*, corolle ; *st.*, style (30).
Fig. 93. Coupe transversale générale d'une des deux saillies externes du tissu nectarifère, montrant l'indication des faisceaux vasculaires (30).
Fig. 94. *Cornus mas.* — Coupe longitudinale générale ; la partie teintée correspond aux tissus les plus saccharifères (25).
Fig. 95. Portion de coupe transversale passant par l'anneau de parenchyme qui entoure le style : *st.*, section du style en partie (220).
Fig. 96. *Nardosmia fragrans.* — Partie d'une coupe longitudinale faite à la base du style : *st.*, stomate à la partie supérieure du tissu nectarifère ; *s*, partie supérieure du style ; *cor.*, faisceau d'un pétale (220).
Fig. 97. *Agathea amelloides.* — Section d'un stomate du tissu nectarifère (500).
Fig. 98. Coupe longitudinale générale : *cor.*, corolle ; *sty.*, style ; *cal.*, calice ; *n*, partie nectarifère supérieure (40).

PLANCHE 7.

Fig. 99. *Vernonia centrifolia.* — Coupe longitudinale passant par le tissu qui entoure la base du style (d'après M. G. Capus).
Fig. 100. Coupe longitudinale générale passant par la base du style (d'après M. G. Capus).
Fig. 101. *Muscari racemosum.* — Coupe montrant les papilles épidermiques de l'ovaire (300).
Fig. 102. *Knautia arvensis.* — Coupe longitudinale générale montrant la distribution des tissus saccharifères : *st.*, style ; *cor.*, corolle. Les parties teintées sont celles les plus riches en sucres : *a*, partie très-saccharifère (30).
Fig. 103. Portion de coupe longitudinale montrant la jonction du style et de la corolle : *st.*, style ; *cor.*, corolle (200).
Fig. 104. *Lonicera Periclymenum.* — Coupe longitudinale passant par le bourrelet qui entoure le style à la base (80).
Fig. 105. Papilles épidermiques à l'intérieur de la corolle, vers la base (40).
Fig. 106. *Symphoricarpos racemosa.* — Coupe longitudinale passant par le bourrelet qui entoure le style à la base (80).
Fig. 107. *Malva silvestris.* — Coupe longitudinale générale : *cor.*, corolle ; *cal.*, calice ; *ov.*, ovaire ; *n*, *n*, région par où sortent les gouttelettes de nectar (20).
Fig. 108. *Hibiscus Rosa sinensis.* — Trichome dans la région par où sort le nectar (220).
Fig. 109. *Malva silvestris.* — Idem (270).
Fig. 110. *Anemone nemorosa.* — Coupe longitudinale générale. Les teintes sont proportionnées à la quantité de sucres contenue dans les tissus : *c*, faisceau carpellaire ; *e*, étamine ; *p*, périanthe (16).
Fig. 111. Coupe passant par le tissu interstaminal, montrant l'épaississement des cellules voisines de l'extérieur et les papilles épidermiques (270).

PLANCHE 8.

Fig. 112. *Dentaria pinnata.* — Coupe longitudinale passant par le nectaire : *ov.*, ovaire; *et.*, étamine; *sép.*, sépale; *n*, nectaire (25).
Fig. 113. *Aubrietia Columnæ.* — Idem; mêmes lettres (50).
Fig. 114. *Isatis tinctoria.* — Coupe passant par un stomate du tissu nectarifère (220).
Fig. 115. *Brassica oleracea.* — Partie interne du diagramme.
Fig. 116. *Lunaria rediviva.* — Idem.
Fig. 117. *Æthionema coridifolium.* — Idem.
Fig. 118. *Geranium nodosum.* — Passage de l'épiderme non nectarifère sans stomates à l'épiderme nectarifère muni de stomates (270).
Fig. 119. *Geranium sibiricum.* — Coupe longitudinale montrant la disposition des faisceaux : *ét.*, étamine; *n*, nectaire; *sép.*, sépale (20).
Fig. 120. *Geranium lividum.* — Idem; mêmes lettres (30).
Fig. 121. *Erodium mauritanicum.* — Fragment montrant l'épiderme du tissu nectarifère (270).
Fig. 122. *Geranium pyrenaicum.* — *n*, nectaires; *ét.*, étamines (30).
Fig. 123. *Erodium mauritanicum.* — Coupe longitudinale. Mêmes lettres que fig. 119 (40).
Fig. 124. Cristaux de saccharose dans le nectar de *Primula sinensis* (40).
Fig. 125. Cristaux de glucose pur extrait du nectar d'*Helleborus niger* (40).
Fig. 126. Cristaux de saccharose pur extrait du nectar d'*Helleborus niger* (20).
Fig. 127, 128, 129, 130. Ovaire et fruit de *Ruta graveolens* à divers âges : *n*, nectaire; *ov.*, ovaire non encore fécondé (1).

PARIS. - IMPRIMERIE DE E. MARTINET, RUE MIGNON, 2

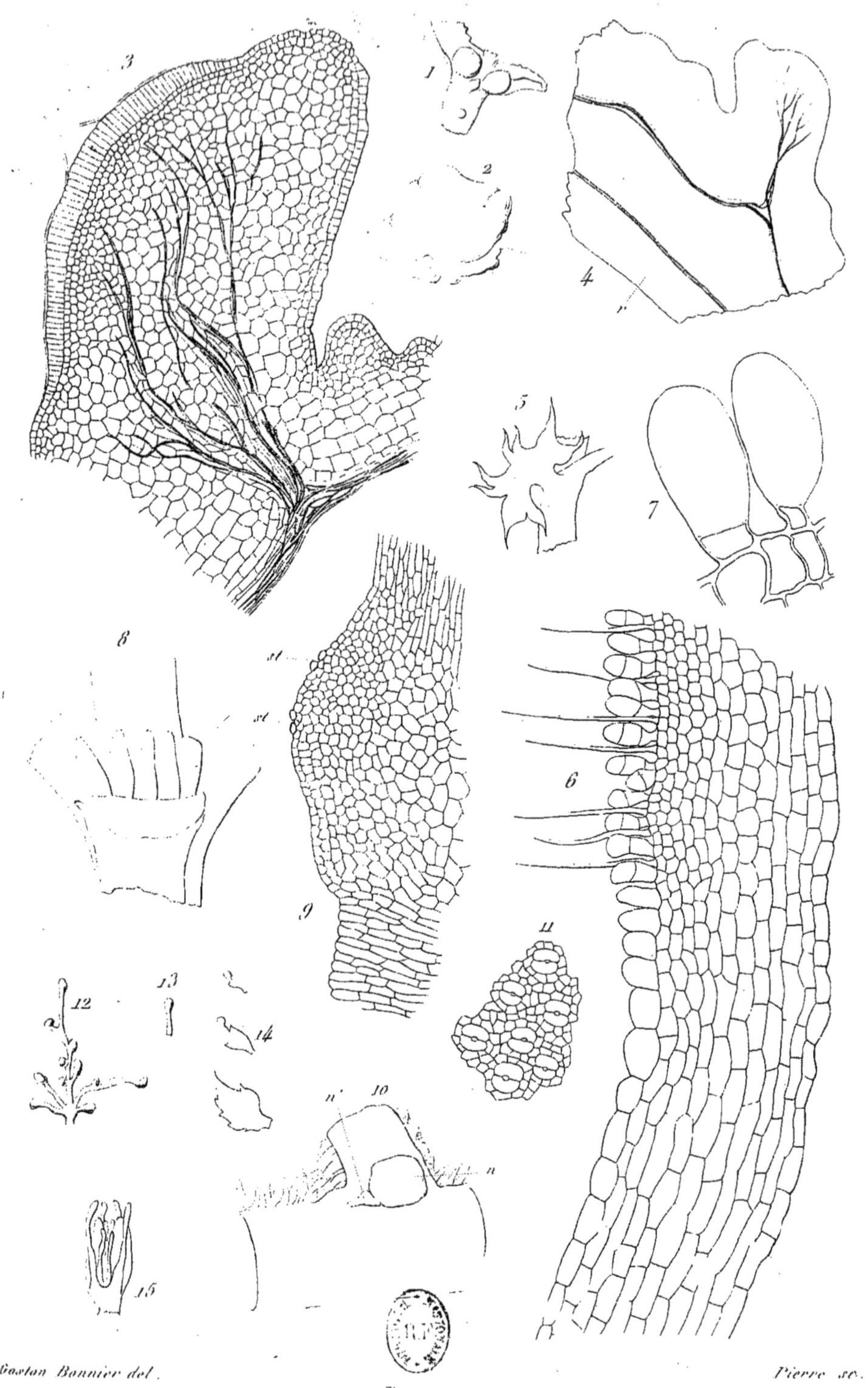

Gaston Bonnier del. Pierre sc.

Imp. A. Salmon, r. Vieille Estrapade, 15. Paris.

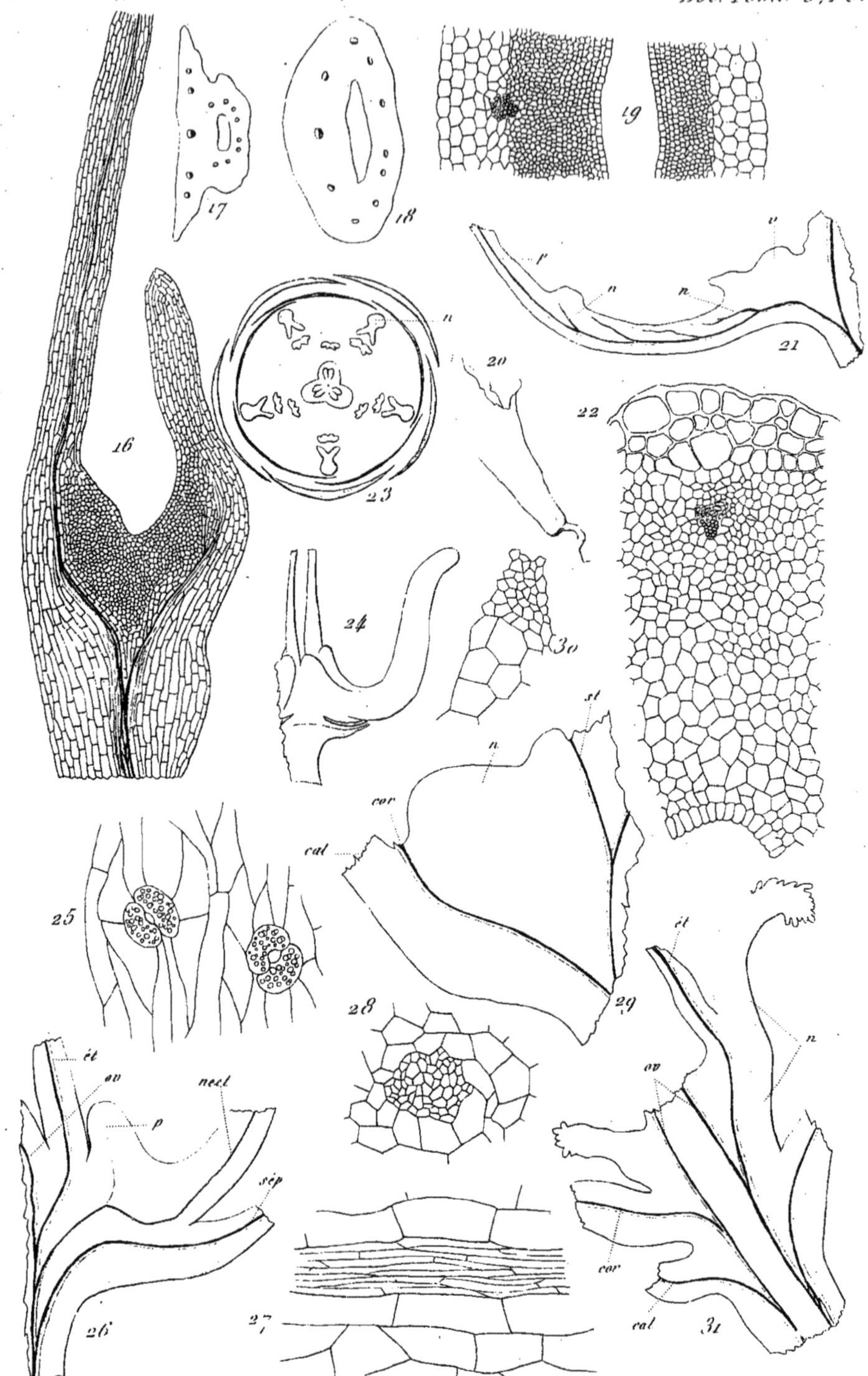

Gaston Bonnier del. Pierre sc.

Imp. A. Salmon r. Vieille Estrapade 15. Paris.

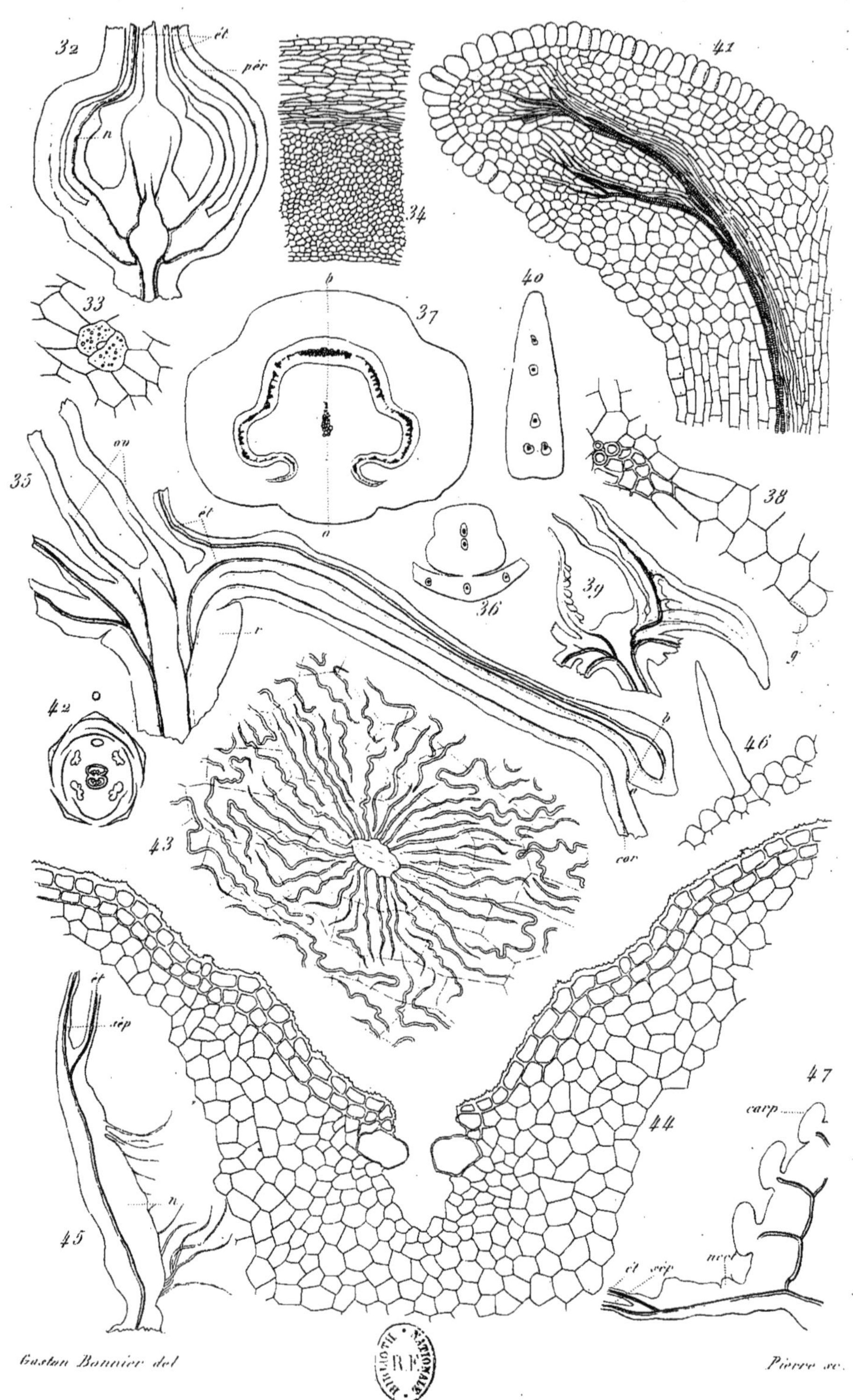

Gaston Bonnier del. Pierre sc.

Imp. A. Salmon, r. Vieille Estrapade, 15, Paris.

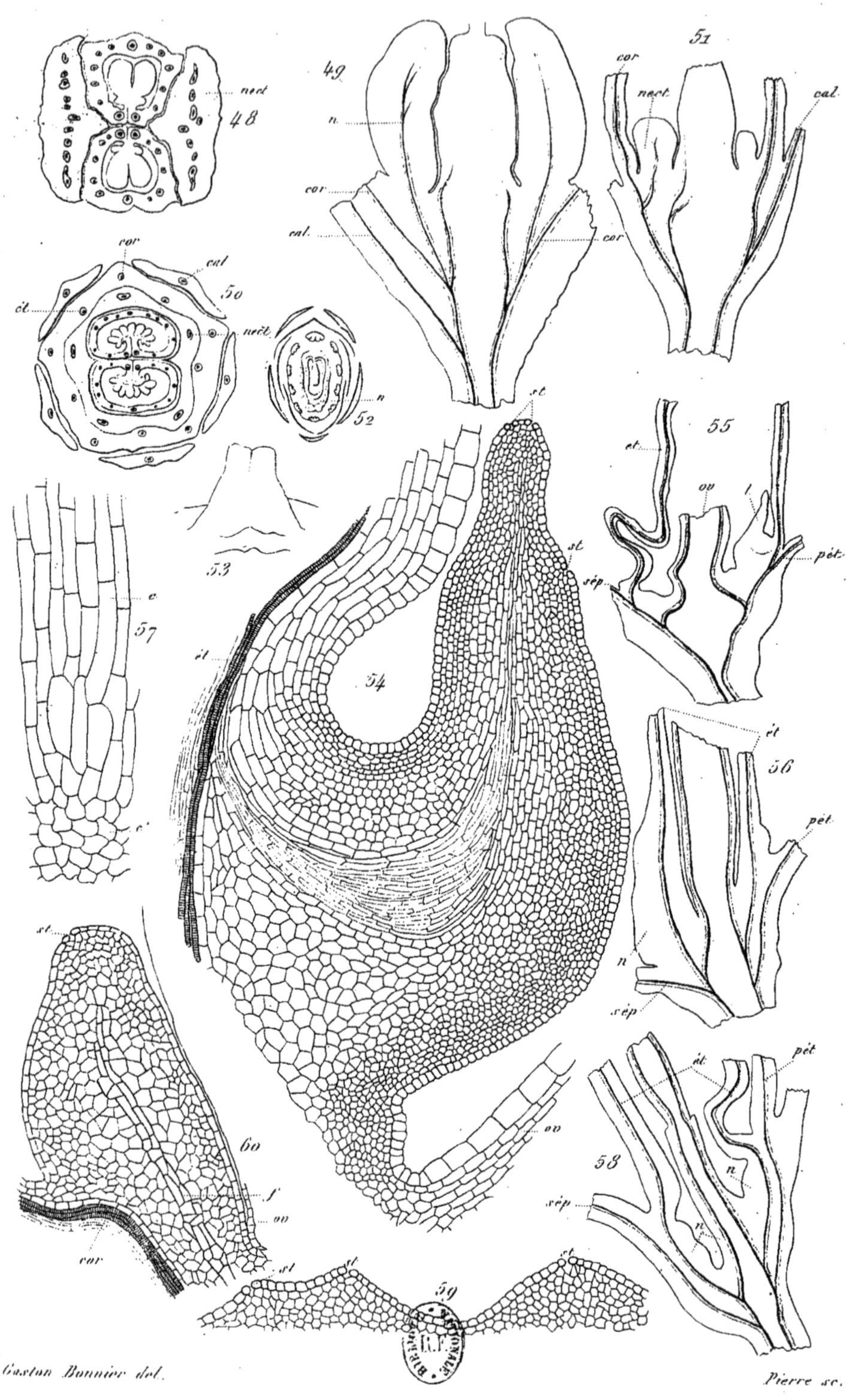

Gaston Bonnier del. Pierre sc.

Imp. A. Salmon, r. Vieille Estrapade, 15, Paris.

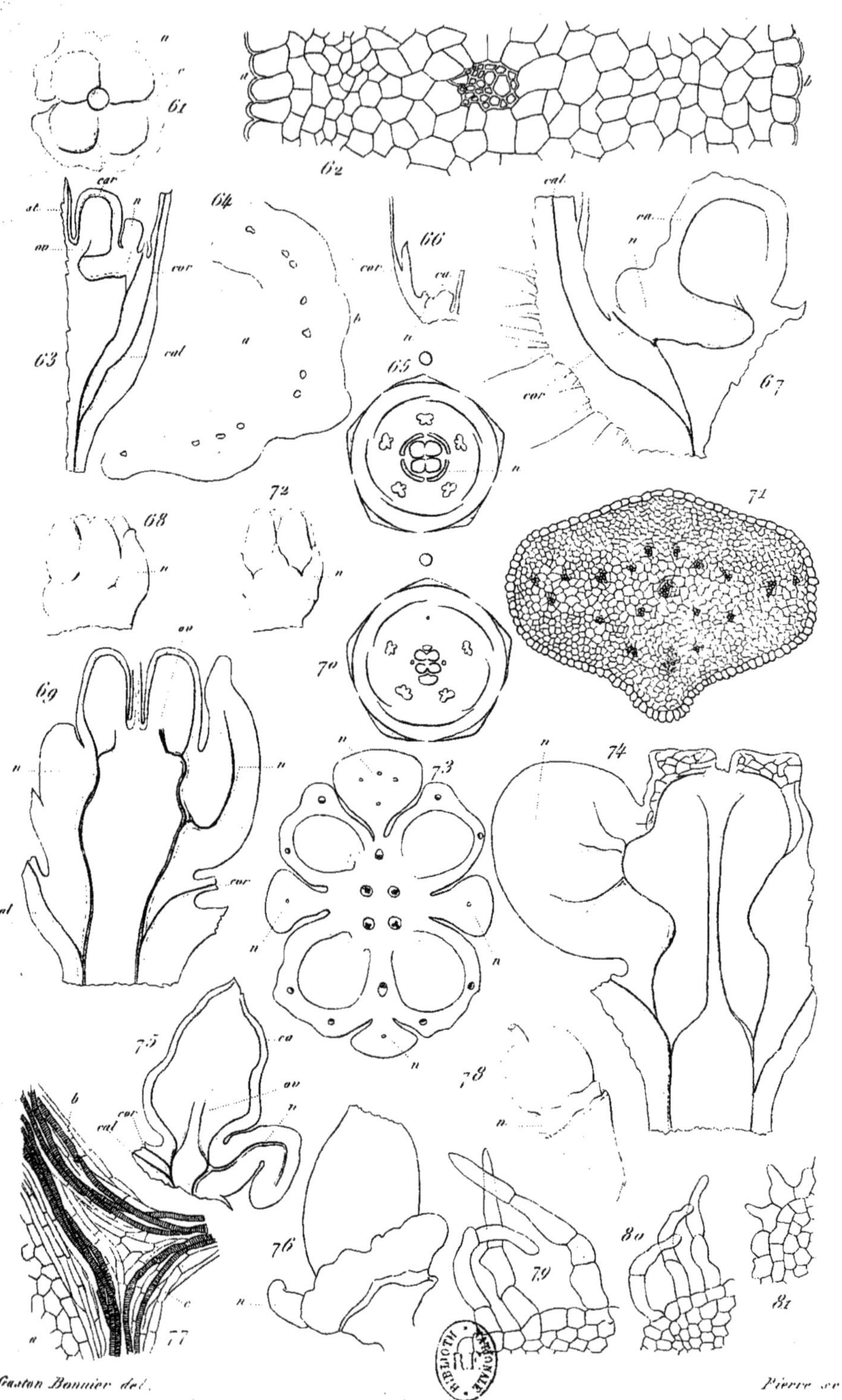

Gaston Bonnier del. Pierre sc.

Imp. A. Salmon, r. Vieille Estrapade, 15, Paris.

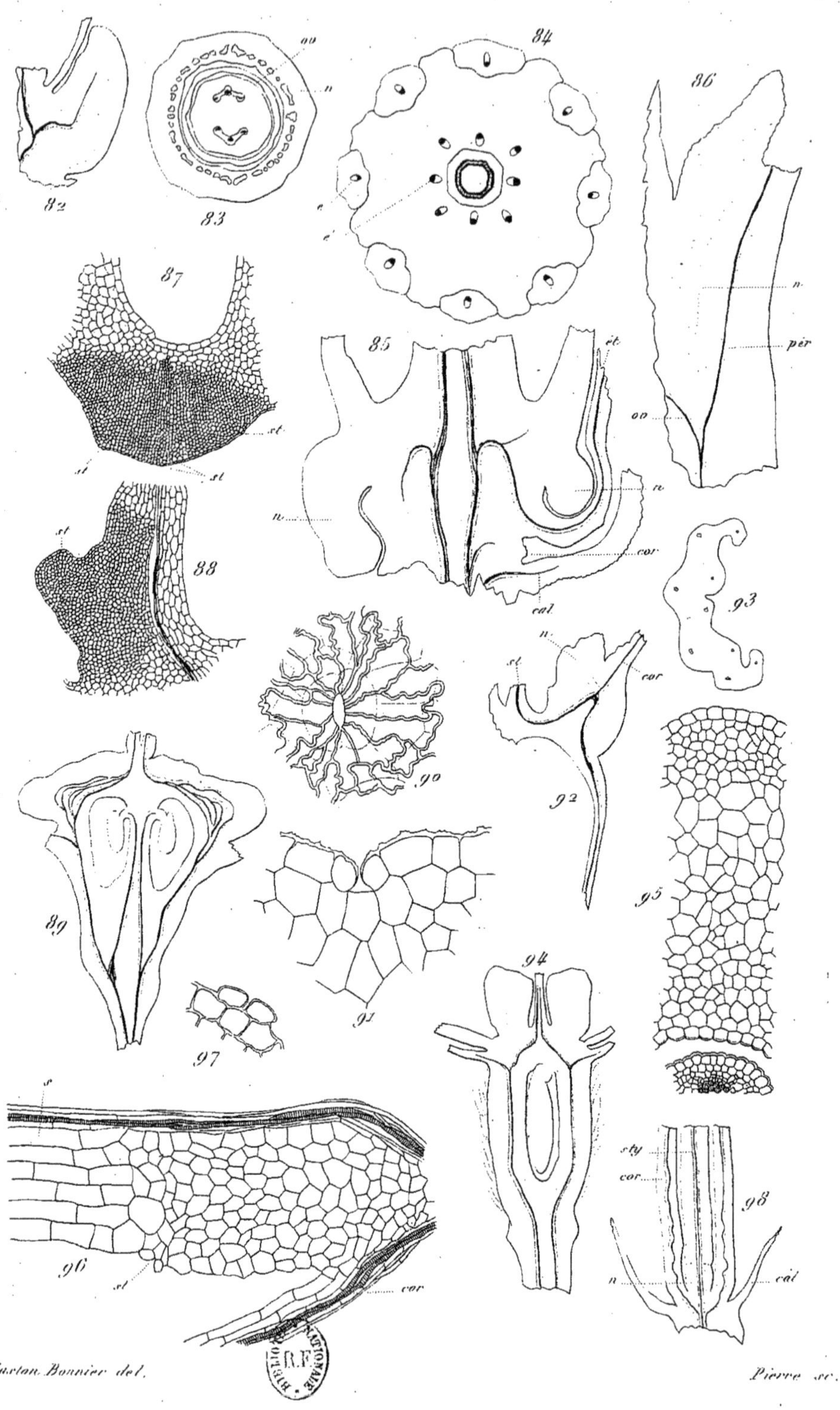

Gaston Bonnier del. Pierre sc.

Imp. A. Salmon, r. Vieille Estrapade, 15, Paris.

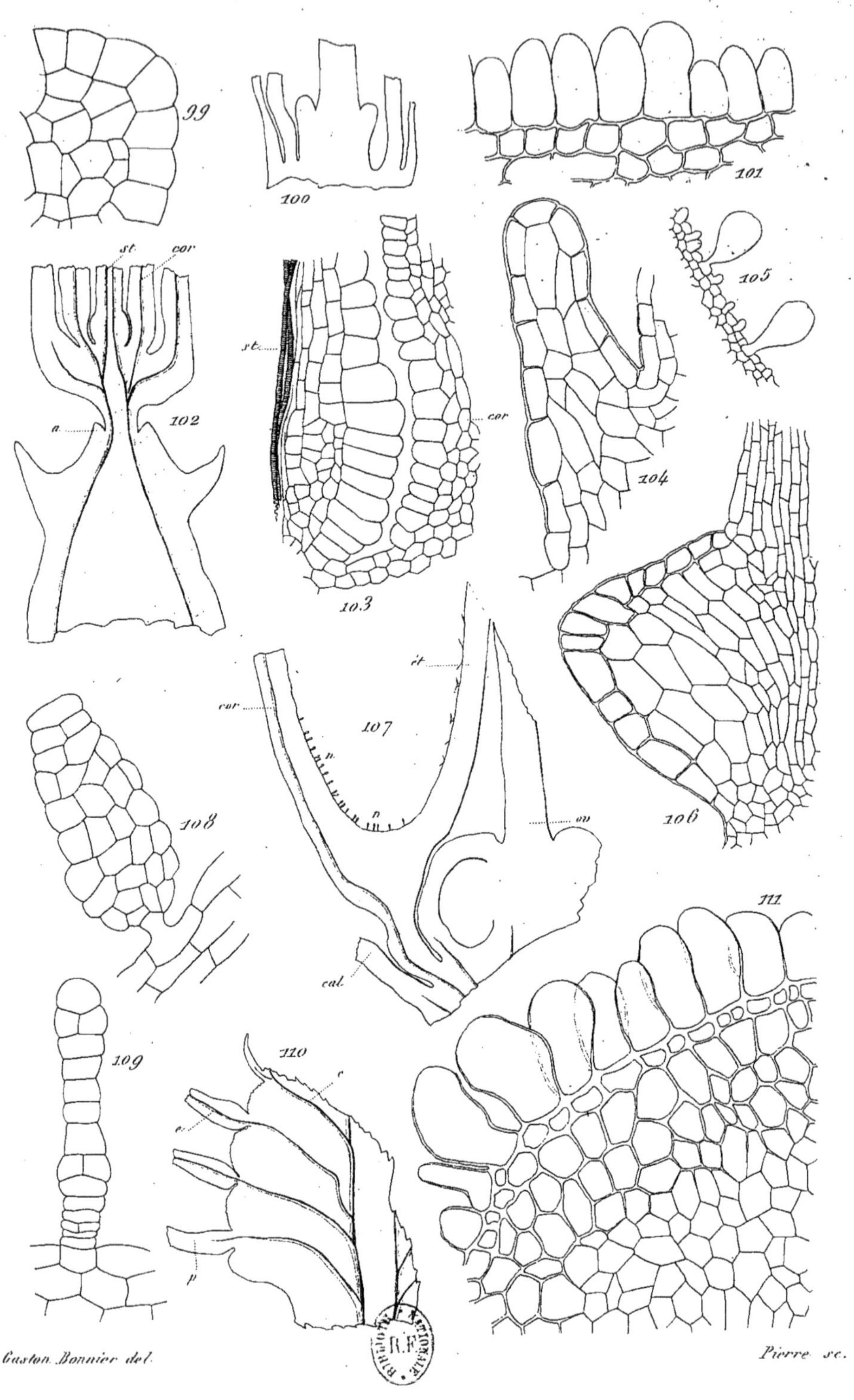

Gaston Bonnier del. Pierre sc.

Imp. A. Salmon, r. Vieille Estrapade, 15, Paris.

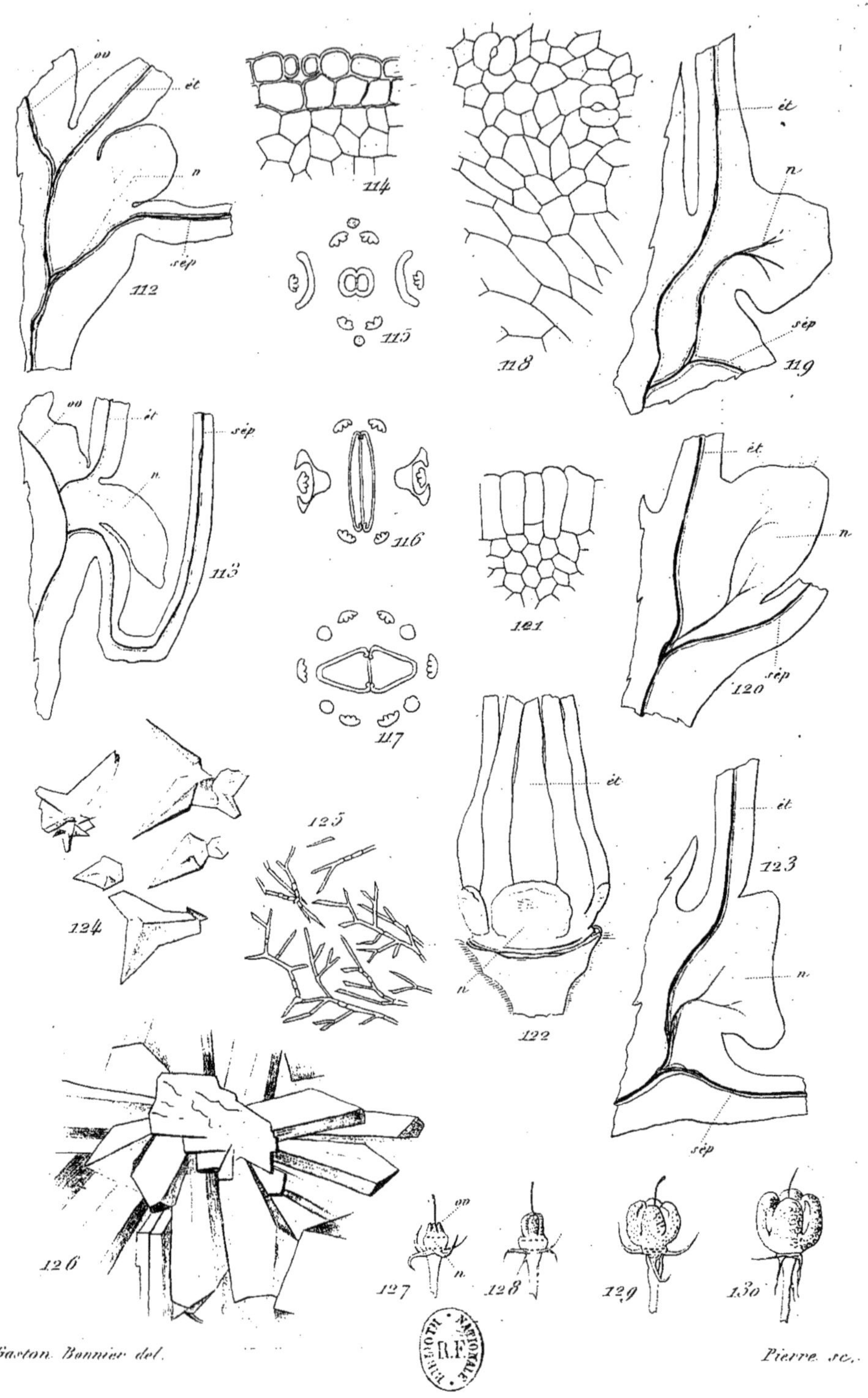

Gaston Bonnier del. Pierre sc.

Imp. A. Salmon, r. Vieille Estrapade, 15, Paris.

www.ingramcontent.com/pod-product-compliance
Ingram Content Group UK Ltd.
Pitfield, Milton Keynes, MK11 3LW, UK
UKHW012025240726
13965UKWH00002B/578